Daniela Tausch-Flammer · Lis Bickel

Wenn ich sterbe, möcht ich, daß du bei mir bist

Wir danken
allen,
von denen wir
empfangen haben,
und
wir geben es weiter
an alle

Wenn ich sterbe, möcht ich, daß du bei mir bist

Durch jede Begleitung eines sterbenden Menschen werden wir ganz im Wesentlichen angesprochen, herausgefordert und in Frage gestellt. Sie zwingt uns zur Erweiterung unserer begrenzten Person und zur Wandlung. Uns hat diese Arbeit gelehrt, daß es in ihr immer wieder um das ganz Persönliche geht, um den Kern unserer Person in der Begegnung mit einem einmaligen, unverwechselbar anderen Menschen, den wir auf seinem Weg begleiten. Vielleicht werden Sie das auch beim Betrachten der einzelnen Fotos in diesem Buch wahrnehmen. Jedes berührt Unterschiedliches in Ihnen, löst Fragen aus oder begleitet Sie für einige Zeit in der Stille.

Das Hauptanliegen der Hospizbewegung und auch dieses Buches ist, daß wir begreifen lernen: Die Zeit des Sterbens kann auch eine Zeit des Lebens, manchmal sogar eine sehr intensive und wichtige Zeit des Lebens sein.

Wir leben normalerweise so, daß wir Tod und Sterben aus unserem Leben verbannen, wegdrängen und nicht wahrhaben wollen. Wir tabuisieren diesen Lebensabschnitt, vielleicht in einer Art magischen Denkens, indem wir uns vormachen: Wenn ich nicht daran denke, dann passiert »es« auch nicht. Das Sterben geschieht dann irgendwo anders, aber nicht bei uns, nicht in unserer Familie und erst recht nicht mir. Diese abwehrende Haltung macht es uns schwer, mit dem Sterben oder mit einer lebensbedrohlichen Krankheit umzugehen.

Es gibt aber eine Vorbereitung, die es uns ermöglicht, eines Tages besser mit den Erschütterungen von Sterben und Tod umzugehen: wenn wir uns jetzt, heute, solange wir noch gesund sind, mit unserer eigenen Sterblichkeit auseinandersetzen.

Eigentlich wissen wir, daß das Sterben auf einen jeden von uns zukommt. Und doch bereiten wir uns auf kein Ereignis des Lebens so wenig vor wie auf dieses. Es geht dabei nicht nur um unser eigenes Sterben, sondern ebenso um das Sterben uns naher Menschen. Es geht darum, daß jeder diesen Weg ganz ihm gemäß gehen kann.

Es ist uns sehr wichtig, daß Menschen miteinander über ihre Ängste, Wünsche und Hoffnungen in bezug auf ihr eigenes Sterben ins Gespräch kommen. Jetzt, während wir noch die Kraft dazu haben, jetzt, wenn unser Zusammensein noch nicht durch Unsicherheiten, Ängste und Zweifel belastet ist, ist es möglich, miteinander zu sprechen und unsere Vorstellungen mit uns nahen und vertrauten Menschen auszutauschen. Wir kennen sie dann und können uns ihnen entsprechend verhalten, wenn einer von uns im Sterben liegt.

Wir haben in der Begleitung Sterbender immer wieder tief erfahren: Wenn wir es wagen, uns mit unserem eigenen Sterben auseinanderzusetzen, können wir lernen, anders zu leben. Wenn wir uns Fragen stellen wie diesen: Wie geht es mir, wenn ich an mein Sterben denke? Was wäre mir dann noch wichtig? Möchte ich Menschen in meiner Nähe haben, und wenn ja, welche? Wie wird es mir gehen, wenn ich einen nahen Angehörigen verliere? Was habe ich dann vielleicht versäumt? Diese Fragen mögen uns zunächst erschrecken und ängstigen. Aber je mehr wir darüber sprechen und uns in den Prozeß der Auseinandersetzung auch mit anderen einlassen, desto mehr verlieren sie ihre Bedrohlichkeit. Und wir können dabei erfahren, daß sich auch unsere Ängste vor dem Leben, vor Wechsel und Veränderungen mindern.

Sterben und Tod können so zu »Lehrmeistern« werden, die uns lehren, unser Leben immer wieder auf seine Gültigkeit und Sinnhaftigkeit hin zu befragen. Wir werden immer wieder aufgefordert, unsere »Lebenswerte« zu überprüfen: Ist dies oder jenes wirklich wichtig? Die Karriere, das Geld? Letztlich zählen dann möglicherweise ganz andere Werte: Freundschaften vielleicht, oder wie sehr wir gewagt haben zu lieben, oder wie sehr wir es gewagt haben, wir selbst zu sein. Wir lassen uns dann vielleicht nicht mehr so sehr von außen leben und von den Erwartungen anderer bestimmen, sondern wir erfahren, daß die Momente zählen, in denen wir gespürt haben: Da war ich ganz ich selbst; das war es, was ich wirklich gewollt hatte.

Aus der Entwicklung der Hospizbewegung

Die Hospizbewegung entstand aus einer Art »Gegenbewegung«: Am Anfang dieses Jahrhunderts starben noch achtzig Prozent der Menschen zu Hause. Da es noch die Großfamilie gab, konnte die Pflege eines Sterbenden auf mehrere Personen verteilt werden. Mit der Auflösung der Großfamilie wurde das Sterben jedoch immer häufiger aus den Familienverbänden verdrängt, so daß am Ende dieses Jahrhunderts nur noch zwanzig Prozent der Menschen zu Hause sterben. Die Verhältnisse haben sich also umgekehrt: Heute sterben achtzig Prozent der Menschen in Institutionen, in Krankenhäusern und Heimen.

Der Tod wurde immer mehr »abgegeben« und »weggeschoben«. Je mehr wir aber etwas von uns fortschieben, je mehr wir es zum Tabu machen, um so größer wird unsere Angst; denn alles, was wir nicht kennen, macht uns Angst, und dann schieben wir es noch weiter weg. Ein unseliger Kreislauf.

Wie viele Menschen sehen heute überhaupt noch einen Toten? Der Tod wird immer unsichtbarer. Damit wächst unsere Angst, wachsen vage Vorstellungen von etwas Schlimmem oder Gefährlichem. Wir haben dann das Gefühl: Da geschieht etwas, womit ich nicht umgehen kann; und das, womit ich selber nicht mehr zurechtkomme, gebe ich lieber an einen »Fachmann« ab, der sich in diesen Dingen auskennt.

Als Antwort auf diese Entwicklung entstand die Hospizbewegung. Führend waren hierbei vor allem zwei Frauen. Einmal Elisabeth Kübler-Ross, die sich in den USA und auch in Europa sehr für die Kommunikation und für Wahrhaftigkeit im Umgang mit sterbenden Menschen eingesetzt hat. Zum anderen die Ärztin Cicely Saunders. Sie gründete 1967 in England das St. Christopher's Hospiz. Dieses Hospiz wurde auch dadurch weltweit bekannt, daß sich seine Begründerin sehr für eine gute und wirksame Schmerztherapie einsetzte. Durch Vorträge und Bücher trug sie ihre Ideen in die ganze Welt hinaus.

Hospize waren im Mittelalter Herbergen, die von Nonnen und Mönchen geleitet wurden und die Pilger ins Heilige Land aufnahmen. Auch für arme und sterbende Menschen waren sie offen, und das Hospiz gab ihnen eine letzte Raststätte.

Diesen Gedanken, Sterbenden eine letzte Herberge zu geben, greift die Hospizbewegung auf. Das heißt aber nicht, daß das Hospiz immer in der Einrichtung eines Hauses besteht. Der Hospizbewegung geht es vielmehr darum, daß ein Mitmensch, ein Bürger der Gesellschaft die Aufgabe übernimmt, ein Stück weit Herberge für den anderen, den Sterbenden, zu werden. Wir können dem sterbenden Menschen in seiner Angst und Not Herberge geben, indem wir unser Herz für diese Not öffnen; indem wir also nicht einfach weglaufen oder sagen: So schlimm wird es schon nicht sein, oder: Das wird sicher bald besser werden, sondern indem wir die Not mit ihm aushalten. »Hospiz« können wir sein, indem wir am Bett des Kranken sitzen, dableiben, die Schwere mit ihm zusammen aushalten, mit ihm sprechen, vielleicht aber auch nur still da sind.

»Hospiz« bedeutet auch, daß wir die Abgrenzung unserer Person von der des anderen ein Stück weit aufheben: Nicht er allein ist der Sterbende, sondern auch ich könnte es sein. Weiß ich, wie lange es bei mir noch dauert?

Wir unterscheiden heute also das stationäre Hospiz, ein Haus, das sterbende Menschen aufnimmt, vom ambulanten Hospiz. Hier kommen Freiwillige Begleiter zu dem Sterbenden oder auch zu Angehörigen, die um Unterstützung baten, nach Hause.

Ziel der Hospizbewegung ist es, daß Sterbende und Verstorbene mit Achtung und Würde behandelt werden, auch in Krankenhäusern und Altenheimen, und daß das Sterben zu Hause wieder häufiger möglich wird.

Zu Hause sterben

Wenn Sie sich fragen: Wo möchte ich am liebsten sterben?, dann antworten Sie wahrscheinlich: Bei mir zu Hause oder doch irgendwo, wo ich mich daheim fühle, wo ich meine Lebenszeit verbracht habe, wo meine Angehörigen und Freunde da sein können.

Wie können wir erreichen, daß mehr Menschen zu Hause sterben können?

Es gibt zwei Wege dorthin. Der eine ist der, daß wir lernen, nicht aus lauter Angst und Unsicherheit vor dem Thema Sterben und Tod davonzulaufen. Wenn wir uns frühzeitig damit auseinandersetzen, wird die Betreuung und Begleitung eines Angehörigen oder Freundes leichter möglich sein. Der zweite Weg ist der, daß Kranke und Angehörige, die diese betreuen, nicht alleingelassen werden. Das aber ist noch häufig der Fall. Ich erinnere mich an einen älteren Mann, der seine Frau zu Hause in ihrem Sterben begleitete und sagte: »Wenn ich in dem Hochhaus, in dem ich wohne, zur Wohnungstür herausgehe und mich jemand im Treppenhaus hört oder sieht, dann verschwindet derjenige schnell wieder hinter seiner Tür, um mir nicht begegnen zu müssen.«

Viele Menschen fragen sich, wenn sie jemanden treffen, von dem sie wissen, daß er in Not ist, Probleme hat oder Hilfe braucht: Soll ich ihn darauf ansprechen oder besser nicht? Ebenso geht es uns oft Trauernden gegenüber: Erwähne ich die verstorbene Person oder lieber nicht? Und wenn ich nachfrage, und sie fangen an zu weinen, was mache ich dann? Spreche ich dieses Thema besser nicht an oder wechsle ich die Straßenseite, dann komme ich gar nicht erst in diesen Zwiespalt: Soll ich, oder soll ich nicht? Ich gehe dem lieber aus dem Weg. Solche Reaktionen entstehen aus Hilflosigkeit und Angst.

Deshalb ist es wichtig, daß die Betroffenen nicht alleingelassen werden. Die Hospizbewegung sieht auch darin ihre Aufgabe, Freunde und Angehörige zu ermutigen, sich dieser Herausforderung zu stellen.

Vom Begleiten

In der ambulanten Hospizarbeit, an der wir Sie durch die Fotos teilnehmen lassen möchten, gibt es zwei Arten der Begleitung, die sich durch ihre Dauer unterscheiden. Die eine ist kurz, wenn zum Beispiel jemand für einige Nachtwachen kommt. Da kennt man den Menschen, seine Lebensverhältnisse, seine Sorgen und Bedürfnisse wenig. Man kann vielleicht mit dem Sterbenden auch gar nicht mehr sprechen. In solchen Begegnungen können wir uns zu dem anderen oft nur noch hinspüren, ihn betrachten, seine Äußerungen besonders aufmerksam wahrnehmen, um ihn in seinen Bedürfnissen zu erkennen. Oder wir können uns nur noch mit den Gedanken oder mit dem Atem in ihn einfühlen und ihn in dieser Stille begleiten. Oft hilft es uns, wenn wir ihn mit der inneren Frage betrachten: Wie mag sein Leben gewesen sein? Manchmal gilt es auch einfach den inneren Kampf und die Angst des anderen mit auszuhalten und ihn nicht alleinzulassen.

Dann gibt es andere, länger dauernde Begleitungen. In ihnen kann Vertrauen aufgebaut werden und eine tiefe Verbundenheit entstehen. Man weiß dann, was diesem Menschen wichtig ist, man kann ein Stück Weg mit ihm gehen. So kann man manchmal dazu beitragen, daß der Sterbende im Sich-Lösen vom Leben Frieden findet, daß er sich vielleicht auch noch mit etwas auseinandersetzt, etwas klärt und ordnet oder sich mit anderen Menschen aussöhnt.

Bei beiden Arten gibt es sehr unterschiedliche Begleitungen: erfüllende, friedliche, versöhnende – und dann auch schwierige, in denen man mit dem anderen durch Hader, Zorn, Ablehnung und vieles Schwierige geht. Da hilft es dann zu denken: Weiß ich, ob nicht auch ich in meinem Sterben genauso häßlich oder grob oder unfreundlich zu anderen sein werde? Weiß ich, was aus mir herauskommt, wenn ich sterbe? Jetzt bin ich noch »die Gute« oder »der Helfende«; aber wie wird es dann bei mir sein? Was weiß ich darüber?

Zwei Beispiele

Den Weg des Sterbens begleiten

Frau Brenner ist vor zwei Tagen nach Hause entlassen worden. Sie ist sehr niedergeschlagen. Vor vier Jahren ist sie an Brustkrebs erkrankt. Sie hat immer gekämpft und gehofft, aber nun hat sie Knochenmetastasen und Wasser in der Lunge.

Eine hauptamtliche Mitarbeiterin des Hospiz-Dienstes besucht Frau Brenner zu Hause. Diese ist froh, wieder daheim zu sein. Ein Krankenhausbett steht im Wohnzimmer. Hier fühlt sie sich wohl, weil sie so alles mitbekommen kann. Wenn ihr jemand hilft, kann sie noch aufstehen.

Gestern hat sie mit ihrem Mann sogar eine kleine Spazierfahrt gemacht. Wir überlegen, welche Freiwillige Begleiterin des Hospiz-Dienstes sie besuchen könnte. Frau Brenner wünscht sich diese Hilfe zunächst einmal in der Woche.

Bodil, die seit einem Jahr im Hospiz-Dienst mithilft, wohnt ganz in der Nähe. Sie ist alleinstehend und arbeitet zu fünfundsiebzig Prozent als Verwaltungsfachkraft, so daß sie zwei Nachmittage in der Woche frei hat. Sie hatte sich eine soziale Aufgabe gewünscht, in der sie eine größere seelische Herausforderung und Erfüllung finden könnte, und sich deshalb beim Hospiz-Dienst gemeldet. Sie freut sich auf die Begleitung. Es knüpft sich ein tragendes und stützendes Netz zwischen der Diakoniestation, aus der zweimal am Tag jemand zur Pflege kommt, zwischen den Brückenschwestern, die sich in den besonderen Problemen der Pflege und der Schmerztherapie in der Zeit des Sterbens auskennen, zwischen der Familie und dem ambulanten Hospiz-Dienst. Die freiwillige Begleiterin geht ein- oder zweimal in der Woche zu Frau Brenner, redet mit ihr, liest ihr vor oder ist einfach da. Zweimal finden wichtige Gespräche mit der ganzen Familie statt.

In wenigen Begleitungen ist dies so offen möglich. Der Sohn Gustav ist gerade mit dem Studium fertig geworden. Er ist daheim, pflegt seine Mutter, kocht und versorgt den Haushalt. Die Tochter Tina wohnt nicht mehr zu Hause, kommt aber jeden Abend vorbei. Der Ehemann ist sehr in seine Arbeit eingespannt. Alle wollen es der Mutter ermöglichen, zu Hause zu bleiben, fühlen sich aber auch sehr belastet. Es ist gut, noch so viel für die Mutter tun zu können, aber es ist auch schwer, mitzuerleben, wie sie immer schwächer wird, immer weniger selbst machen kann.

Zwischendurch muß Frau Brenner wieder ins Krankenhaus. Sie war gestürzt und hatte sich den Arm gebrochen. Jetzt wagt sie gar nicht mehr aufzustehen, denn durch die Knochenmetastasen ist die Wirbelsäule sehr gefährdet. Immer öfter äußert sie den Wunsch, nicht mehr leben zu müssen, so habe das Leben doch keinen Sinn mehr, und sie falle den anderen ja nur zur Last. Daneben gibt es aber auch immer wieder Momente der Hoffnung: Ob die in der neuen Klinik auch Hyperthermie mit Patienten machen, die nicht mehr aufstehen können?

Nach drei Monaten wird Frau Brenner immer schwächer, versinkt immer häufiger in eine andere Wirklichkeit und kommt dann von weit her wieder zurück. Einer aus der Familie schläft nun immer bei ihr im Wohnzimmer. Nachts braucht die Familie keine weitere Hilfe, aber am Tag ist es gut, daß jemand kommt, bei der Kranken sitzt oder mit den Angehörigen spricht. Zwei Wochen später stirbt Frau Brenner. Ihre Kinder, ihr Mann und die Schwester von der Diakoniestation sind bei ihr. Sie sind erleichtert und dankbar, daß sie den Weg des Sterbens so miteinander gehen konnten, aber sie spüren auch die Belastung der vergangenen Monate.

Nachtwachen

Die letzten Tage vor dem Sterben sind für die Angehörigen oft sehr belastend und schwierig. Sie spüren, daß sie Abschied nehmen müssen, spüren die Spannung, und Fragen begleiten sie: Wie lange wird es noch gehen? Was alles wird noch auf uns zukommen? Wird die Übelkeit stärker werden? Die Mutter ist jetzt kaum noch bei Bewußtsein, redet so wirr, sieht Menschen im Zimmer, die gar nicht da sind; was soll ich nur machen? Oder: Soll mein Vater nicht doch noch einmal ins Krankenhaus? Viele Fragen und Zweifel verunsichern die Angehörigen. Hinzu kommt, daß sie kaum eine Nacht ruhig schlafen können. Sie geraten an die Grenze ihrer Kraft und rufen beim Hospiz-Dienst an.

Besonders für die Nacht brauchen sie Entlastung. Da ist der Wunsch, endlich einmal wieder durchschlafen zu können, Kräfte zu sammeln, die Nerven durch den Schlaf wieder zu beruhigen. Die Nacht erscheint ihnen auch oft als unheimlich und schwerer zu überstehen. Draußen ist es dunkel, die Welt ist so still, alle Sicherheit und aller Halt scheinen brüchig zu werden. Niemand ist im Notfall so schnell zu erreichen. Alle anderen schlafen, ahnen von nichts. Nur sie sind einsam auf, und auch der Sterbende ist in der Nacht viel unruhiger. Ihn ängstigt die Dunkelheit ebenfalls, sie erinnert ihn an sein Sterben, an den Tod.

Manchmal ist Hilfe nur für eine Nacht nötig, manchmal auch für mehrere Nächte.

Abends um 23 Uhr klingelt mein Telefon. Verwundert nehme ich den Hörer ab. Eine Frau meldet sich. Sie weint aufgeregt. Vor zwei Stunden erst ist sie aus Spanien zu ihrem Vater gekommen, dem es sehr schlecht geht. Er atmet so unruhig! Sie hat Angst und fragt: »Was soll ich nur machen? Mein Vater ist vorletzte Woche ins Krankenhaus gekommen, zur Kontrolle, weil er solche Schmerzen im Bein hatte. Er hat sich dann auf eigene Verantwortung entlassen lassen. Ich habe ihn von Spanien aus, wo ich lebe, darin sehr bestärkt. Aber nun bin ich ganz erschrocken, daß es ihm so schlecht geht. Er ist kaum noch bei Bewußtsein. Doch, erkannt hat er mich noch. Können Sie nicht kommen? Ich habe solche Angst.«

Ich überwinde meine Müdigkeit und setze mich ins Auto. Eine halbe Stunde später bin ich bei der Anruferin. Der Vater atmet eigentlich ganz ruhig, nur sehr verlangsamt und mit vielen Pausen. Wir setzen uns zu ihm. Langsam wird auch die Tochter ruhiger. Zum Sprechen setzen wir uns dann ins Wohnzimmer nebenan.

Seit vielen Jahren schon lebt sie in Spanien. Jedes Jahr hat sie ihren Vater zweimal besucht. Ihre Mutter ist vor fünf Jahren gestorben. Der Vater hatte sich mühsam allein wieder zurechtgefunden. Einsam war er geworden, aber zu ihr nach Spanien wollte er nicht, er wollte hier in der Wohnung bleiben. Noch viel erfahre ich in dieser Nacht aus ihrem Leben.

Zwischendurch gehen wir immer mal wieder zu ihrem Vater, aber er ist am ruhigsten, wenn er allein ist. Zu viel Nähe scheint er nicht zu mögen.

Immer wieder beschäftigt die Tochter die Frage, ob der Vater nicht doch ins Krankenhaus solle. Ich erinnere sie daran, daß er ja nach Hause gewollt hatte, und frage sie, ob er mit 87 Jahren nicht auch sterben dürfe.

Nach einigen Stunden ist die Tochter sehr viel ruhiger. Sie traut sich jetzt zu, mit dem Vater allein zu bleiben. Sie will sich im Nebenzimmer ein wenig zum Schlafen hinlegen. Sie ist sehr dankbar, daß ich gekommen bin. Sonst hätte sie wohl »durchgedreht« und den Notarzt gerufen. Gegen 3 Uhr bin ich wieder zu Hause. Ich bin froh, daß ich nicht die ganze Nacht bleiben mußte, da ich am nächsten Tag wieder arbeiten muß.

Am nächsten Morgen rufe ich an. Die Nacht war ruhig. Ich gebe der Tochter die Telefonnummer der Diakoniestation, damit sie Hilfe für die Pflege bekommt. Am Abend erwartet sie den Hausarzt. Ich verspreche ihr, daß sie in der nächsten Nacht nicht allein sein muß. Also fange ich an zu telefonieren. Wer könnte heute nacht wachen? Zum Glück ist heute Freitag, da haben auch Berufstätige Zeit, die wir in der Woche nicht fragen können. Nach drei Versuchen habe ich eine Freiwillige Begleiterin gefunden. Es ist ihre erste Nachtwache. Ein wenig aufgeregt ist sie, aber sie freut sich auch auf diesen Einsatz.

Am Nachmittag mache ich nochmals einen Hausbesuch. Der Vater liegt unverändert in seinem Bett. Der Hausarzt wird später kommen. Von Freitag auf Samstag und von Samstag auf Sonntag gehen zwei Freiwillige hin. Tagsüber sind Freunde der Familie da.

Am Sonntagmorgen stirbt der Vater im Beisein einer Schwester der Diakoniestation und seiner Tochter. Sie ist sehr froh, daß sie den Wunsch des Vaters, zu Hause sterben zu können, erfüllt hat. Auch für sie war es etwas Besonderes, daß sie dabeisein konnte. Sie ist sehr dankbar dafür.

Bilder, die die Seele berühren

»Morgen nachmittag um halb drei kommen wir, um die Aufnahmen zu machen.«

Zu Anfang unserer Arbeit schien uns das fast nicht möglich: Fotos von kranken, von todkranken, von sterbenden Menschen zu machen; mit einem Fotoapparat in diese intime Welt eines Menschen einzudringen, der dabei ist, sich vom Leben zurückzuziehen, der sich selbst oft als unzumutbar, als häßlich oder befremdlich empfindet. Menschen zu bitten, sich in dieser Phase ihres Lebens, in ihrem so schwer anzunehmenden Zustand der Direktheit und Nüchternheit einer fotografischen Aufnahme auszusetzen – kann man das in guter Weise, so, daß es nicht als aufdringlich oder zudringlich empfunden wird? Oder als Bitte um eine Gefälligkeit, die zu erfüllen sich der Kranke verpflichtet fühlen könnte, ohne das wirklich zu wollen?

Als wir es dann doch wagten, erlebten wir so ganz andere Reaktionen, daß wir staunend vor diesen sich öffnenden Möglichkeiten standen.

»Ja, kommen Sie nur! Ich freu mich schon auf Donnerstag«, hörten wir da. Und Simone sagte beim Empfang: »Ach, ich war so aufgeregt und hab mich so gefreut, daß ihr kommt. Gestern abend hab ich mir noch die Haare gewaschen, damit ich auch ein bißchen schön aussehe.« Und ein Mann sagte: »Was – ich –, Sie finden, daß ich in meinem Zustand noch wert bin, fotografiert zu werden?« In einem vorausgehenden Gespräch hatte Simone gesagt: »Doch, ich möchte gerne dazu beitragen, daß das Thema Sterben und Tod wieder Raum in der Gesellschaft haben kann. Ich finde es gut, wenn Menschen sehen, wie ich jetzt lebe. Und für mich habe ich das Gefühl, noch etwas Wichtiges tun zu können.« Eine Frau, die seit über zwei Jahren ihren verstorbenen Mann schmerzlich vermißt, faßte ihre Gefühle so zusammen: »Ja, der Gedanke ist schön für mich, daß ich selbst jetzt, wo mein Mann schon so lange tot ist, mit ihm verbunden noch etwas tue, das irgendwie in die Welt hineinwirkt.«

Schon lange bevor wir begannen, an Aufnahmen von Sterbenden und Toten zu denken, war uns aufgefallen, daß Menschen, die durch diese so schwere Zeit gehen, oft sehr schön werden. In ihren Gesichtern, in Gesten und Bewegungen drückt sich viel mehr Wesentliches aus. Es ist die Schönheit der Reifung; eine Schönheit, die unabhängig ist von anderen äußeren Merkmalen, die eine schwere Erkrankung oder der Tod mit sich bringt. Da werden auch Schläuche und Apparate, Narben und Verbände ganz unwesentlich. Es ist die Schönheit der Seele, die Schönheit des ungeschminkten und unverstellten menschlichen Antlitzes und Wesens, die wir in diesen Zeiten wahrnehmen und betrachten dürfen. Manche Aufnahmen in diesem Buch zeigen etwas davon: Bilder, die die Seele berühren und bewegen.

Die Begegnungen mit den Menschen, die bereit waren, sich fotografieren zu lassen, waren lebendig und gleichzeitig voller Vorsicht. Behutsam suchten wir im Gespräch einen Weg, Blicke gingen hin und her, wir spürten Nähe und Verbundensein – und in dieser Atmosphäre des Einverständnisses entstanden dann die Aufnahmen. Wir, die

»Gesunden«, lernten dabei viel. Wir lernten, wie unbefangen, oftmals heiter und mit sich einverstanden Menschen sein können, obwohl sie gezeichnet, versehrt, mitgenommen und in ihren Möglichkeiten eingeschränkt sind. Wir lernten von ihnen, daß es Wesentlicheres gibt als die äußerlichen Zeichen der Zerstörung. Wir lernten zu sehen, daß häufig schon eine Ahnung, ein Glanz des Jenseitigen, des viel Größeren und über Krise und Wandel Hinausgehenden in den Gesichtern Sterbender aufscheint.

Dankbar erinnern wir uns an all die Menschen und Situationen, die diese Bilder entstehen ließen. Ein ganz besonderer Dank geht auch an die Angehörigen und Freunde, die sich bereit erklärten, diese für sie schmerzlichen und kostbaren Bilder an andere Menschen weiterzugeben und mit vielen zu teilen.

Es ist unser tiefer Wunsch, daß auch Sie, als Betrachter, sich diesen Bildern in der gleichen Achtung und Wertschätzung nähern.

Vom Hinschauen

Wir kennen zwei Arten, Dinge, Objekte und Bilder zu betrachten. Bei der einen betrachte ich, um zu erkennen, zu lernen, einzuordnen, festzustellen, um Informationen zu erhalten und zu sammeln. Bei dieser Betrachtung bereichere ich mein Denken und Wissen. Ich benutze etwas oder jemanden, werte aus. Das Andere bleibt Objekt, bleibt außerhalb von mir; wenn es seinen Zweck erfüllt hat, vergesse ich es wieder.

In der anderen Art des Betrachtens, des Schauens nehme ich eine ganz andere Haltung ein. Ich öffne mich, um etwas in mich hineinzulassen, etwas wirklich in mich einzulassen. Ich lasse mich von den Bildern erfüllen, bewegen, verändern. Dann sind diese Bilder keine außenstehenden Objekte, über die ich verfüge, sondern ich gebe ihnen die Möglichkeit, in mich hinein verändernd zu wirken. Auf diese Weise Geschautes löst in mir Reaktionen aus. Gefühle steigen auf, Freude und Glück, Trauer und Schmerz. In mir entsteht das, was wir »Empathie« nennen, ein liebevolles Mitempfinden. In dieser Art Betrachtetes hat die Kraft, mich von innen zu berühren und zu wandeln.

Wenn wir die Bilder von kranken, sterbenden und toten Menschen auf diese Weise in uns lebendig werden lassen, beginnen sie in uns zu wirken. Sie machen uns weiter, lebendiger, empfindungsfähiger, mitleidensfähiger, einfach offener und vielleicht auch weicher uns selbst und anderen gegenüber. Wir können dann erleben, daß wir durch sie auch in uns eine nähere Beziehung zu unserem eigenen Sterben zulassen. Die Menschen, die vor uns gestorben sind, werden uns dann wahrhaft »Vorausgehende«, »Führer« auf dem Weg zur Annahme unserer eigenen Sterblichkeit.

Lassen Sie sich deshalb Zeit beim Betrachten der Bilder. Schauen Sie jetzt vielleicht nur einige an, die nächsten dann später. Geben Sie den Menschen auf den Bildern die Möglichkeit, zu Ihnen zu sprechen. Vielleicht hat jedes Bild eine ganz eigene Botschaft für Sie, vielleicht eine ganz andere als das vorhergehende Bild, oder auch eine ganz andere, als Sie im ersten Moment erwartet hatten.

Und geben Sie sich Zeit, die Bilder in Ihnen nachwirken zu lassen und das Empfundene und Erlebte zu verarbeiten.

Auf diese Weise können Sie einen »Weg« für sich zurücklegen, der es Ihnen ermöglicht, sich mit Ihren eigenen Gedanken über Krankheit, Nähe und Distanz, das sich Helfenlassen, das Sterben und den Tod auseinanderzusetzen. Vielleicht finden Sie auf diesem Weg zu Einsichten, zu Hoffnungen und Wünschen, die für Sie ganz persönlich wichtig sind.

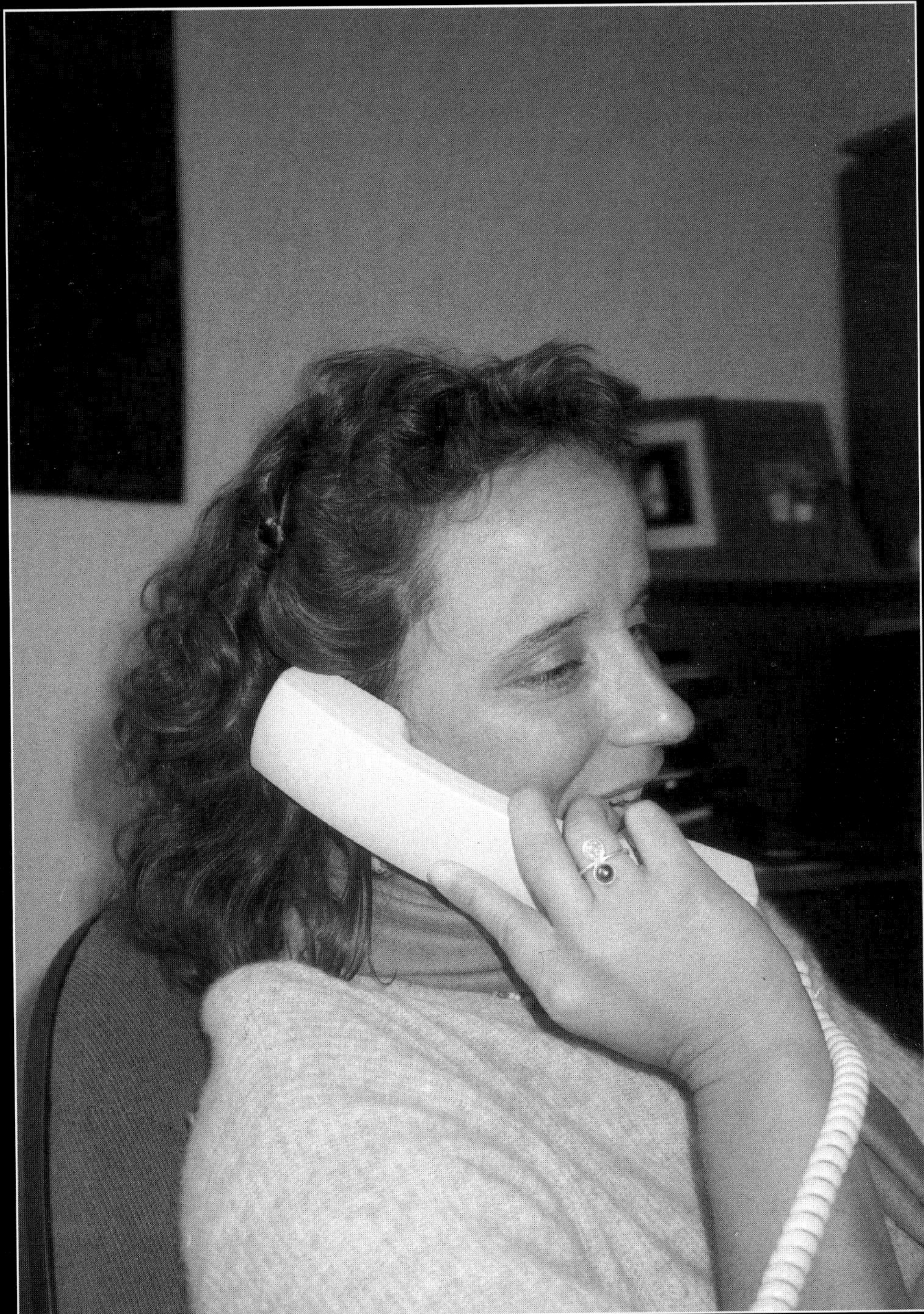

Der Hospiz-Dienst...

»Hallo... Ja, hier ist der Hospiz-Dienst.«
»...es ist so, meine Mutter liegt im Sterben – und ich kann einfach nicht mehr...«
»Ja, also dann bis morgen früh. Um neun, halb zehn werde ich bei Ihnen sein.«

Im Rückgebäude bei der Nachbarin klingeln, um den Schlüssel zu bekommen…
Jede Begleitung zu Hause beginnt mit einem ersten Besuch.
Bei diesem ersten Kennenlernen versuchen wir herauszufinden, welche Probleme und Sorgen da sind, welche Hilfen gut und notwendig wären und welche wir leisten können. Wir überlegen dann zusammen mit dem Erkrankten und seinen Angehörigen oder Freunden, wie die Begleitung aussehen könnte.

Eine weitere Bitte um Begleitung:
Frau Kramer ist 42 Jahre alt, sie liegt zu Hause.
Ihr Mann geht morgens um sechs Uhr aus dem Haus.
Hans, sieben Jahre alt, und Mathilde, vier Jahre alt, sind ihre beiden Kinder.
Der Junge muß in die Schule, das Mädchen geht um neun Uhr in den Kindergarten.
Frau Kramer liegt im Sterben.

Wer könnte diese Begleitung übernehmen?
Wer ist überhaupt noch frei?
Zu wem würde diese Aufgabe passen?
In welchem Stadtteil wohnen die Kramers?

Ja, gerne, ich übernehme gern eine neue Begleitung...
Warte, ich hole mir Papier und Bleistift, damit ich mir alles Notwendige aufschreibe...

Zuerst soll ich Herrn Fortino im Krankenhaus abholen.
Wir fahren mit dem Taxi zu seiner Wohnung.
Ich werde für ihn wohl einkaufen gehen.
Am Nachmittag kommt dann die Schwester von der Diakoniestation.
Dann breche ich mal auf.

20 Uhr... Aufbruch zur Nachtwache.
Karlsstraße 127 B – ob ich das finde?
Herr Neumann...
Der Schlüssel liegt unter der Matte. Hoffentlich!
Wieder die Frage, wie so oft: Wie wird es werden?
Werde ich helfen können?

Ich habe so schreckliche Angst, wenn es dem Ende zugeht

Herr Kasimir spricht lange über sich. Über sein Leben, seine Reisen, über die Tiere, die er hatte.
Dann sagt er ganz unvermittelt: »Wissen Sie, ich habe so schreckliche Angst, wenn es dem Ende zugeht, ich meine, wenn ich dann sterben soll. Ich stelle mir dann vor, daß ich allein und verlassen in so einem kalten Krankenhauszimmer liege, und niemand ist da. Nur all diese Geräte und Schläuche.«
Nach einer längeren Aussprache finden wir zusammen die Lösung, daß es für Herrn Kasimir, der ganz allein lebt, am besten wäre, im stationären Hospiz sterben zu können.

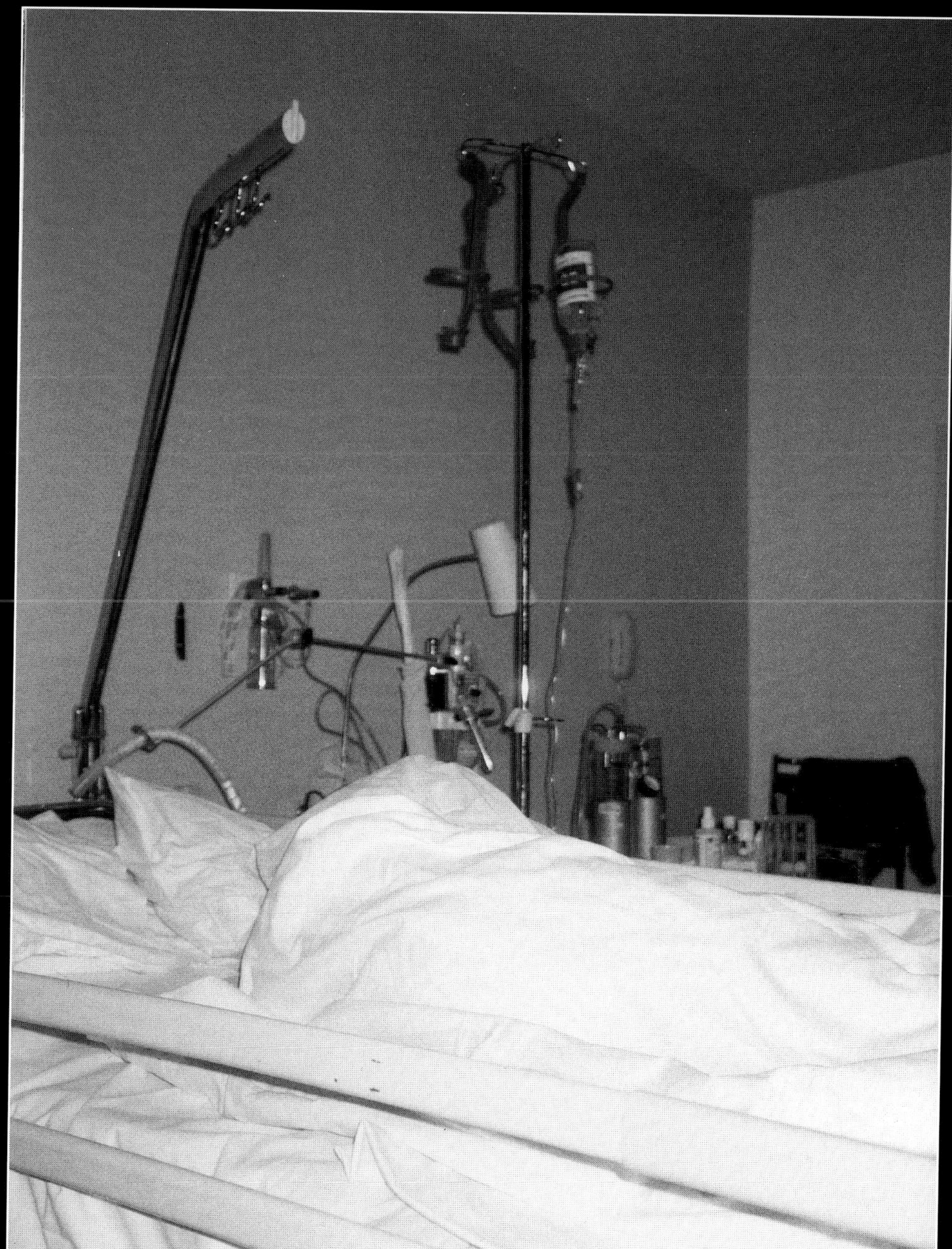

Ich hab mir heute mein Grab ausgesucht

Ach, schön, daß Sie kommen... Ich wollte Ihnen unbedingt erzählen...
Stellen Sie sich vor, ich hab heute mein Grab ausgesucht, ja, draußen auf dem Waldfriedhof.
Sie wissen ja, daß ich eigentlich immer am liebsten ein Grab mitten in einer Wiese gehabt hätte, einfach so in der Natur, wo dann die Kinder und die Hunde herumgetollt wären... Aber das geht ja nicht.
Doch der Platz, den ich jetzt gesehen habe, der ist auch schön. Stellen Sie sich vor, ich habe sogar eine Birke am Kopfende, und dann..., dann möchte ich ganz viele Tulpen, viele viele Tulpen über das ganze Grab, die mag ich doch so arg, und wenn dann die Tulpen blühen und die Vögel wieder singen... Ach, einfach schön stell ich mir das vor.

Und ein Fest möchte ich haben, zu meiner Beerdigung sollen viele Leute kommen, und das soll nicht so eine traurige Feier werden...
Ach, am liebsten hätte ich es, daß alle, die das mögen, mir einen Brief schreiben würden, und den sollen sie dann mitbringen, und jeder liest seinen dann vor, den Brief an mich. Das stelle ich mir ganz schön vor!
Ob Sie das wohl allen meinen Bekannten und Freunden sagen würden?

Eigentlich sehe ich doch auch so noch schön aus – oder?

Das war ganz am Anfang meiner Erkrankung, nach meiner dritten Chemotherapie. Für meinen kleinen Neffen war das erst sehr schwierig. Er hatte Angst vor mir, weil ich doch alle Haare verloren hatte und auch noch im Krankenhaus war. Aber nach einiger Zeit hat er sich doch daran gewöhnt und mir sogar einen Kuß gegeben.

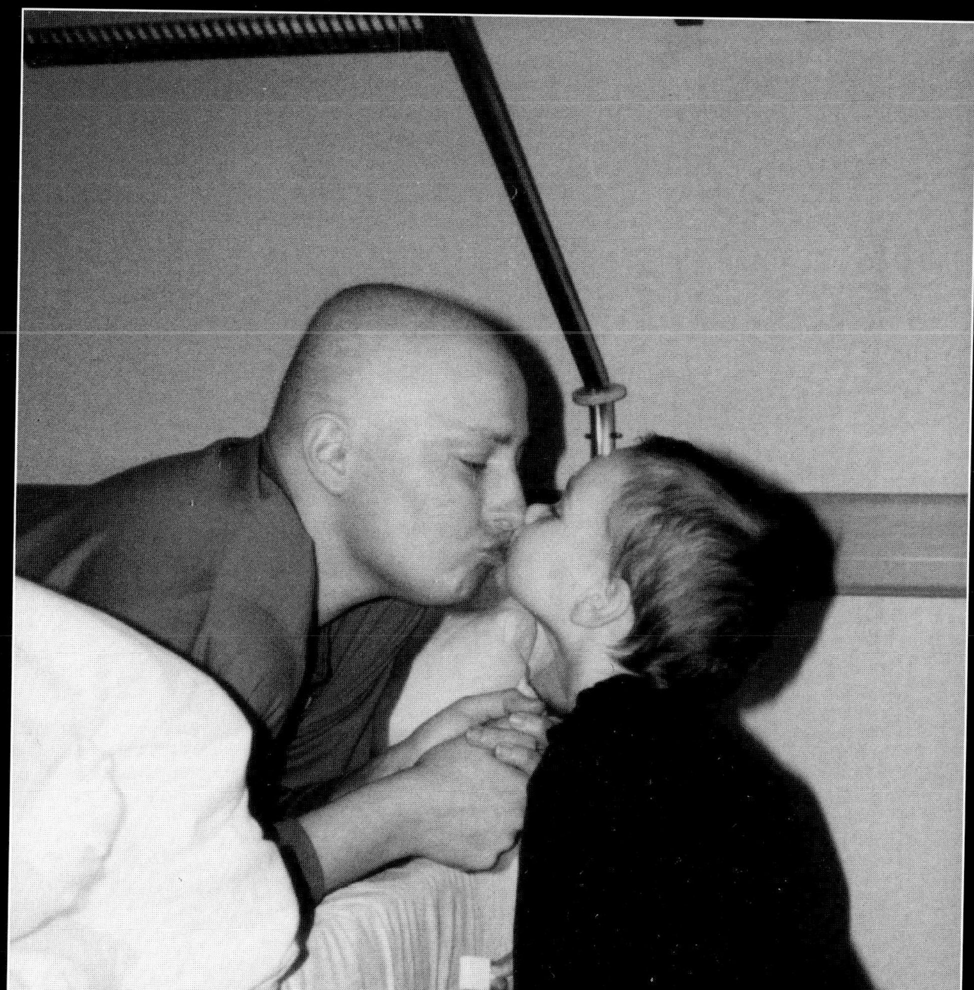

Endlich wieder zu Hause. Es war schon schlimm – ein halbes Jahr Krankenhaus. Ich durfte gar nicht raus, weil ich nicht genug Abwehrkräfte hatte. Die Chemo hat mir sehr zugesetzt. Immer wieder war mir übel, und dann kamen noch die Bestrahlungen hinzu. Immer wieder was Neues. Aber jetzt bin ich wieder zu Hause und möchte das alles hinter mir lassen.
Ich freue mich so sehr auf den Sommer, auf die Natur und darauf, draußen zu sein.
Eigentlich sehe ich doch auch so noch schön aus – oder?

Du, ich bin jetzt gerade mal wieder zwischen zwei Behandlungen zu Hause. Ich bin noch sehr schwach auf den Beinen, weil ich bei der letzten Chemotherapie eine starke Lungenentzündung bekommen habe. Es soll jetzt eine Knochenmarktransplantation gemacht werden. Da gibt es noch viel zu regeln und zu organisieren. Ich muß dann über acht Wochen in ein Sauerstoffzelt, und schlecht soll es einem dabei auch gehen. Ich habe schon auch Angst, denn heute sagte mir der Arzt, daß zwei Patienten dabei gestorben seien. Aber ich habe ja gar keine andere Chance! Ob ich es wirklich schaffe?

Mindestens zwei Jahre möchte ich noch leben

»Im Oktober werde ich dreiunddreißig«, sagt Andreas. »Ein wichtiges Alter. Aber ich möchte noch viel älter werden. Mindestens zwei Jahre möchte ich noch leben.«
Andreas hat Aids. Die Ärzte haben ihm höchstens noch ein bis zwei Monate gegeben. Bei meinem ersten Besuch denke ich: Zwei, drei Tage werden es vielleicht sein.
Andreas wird noch lange, lange über diesen Zeitraum hinaus leben.

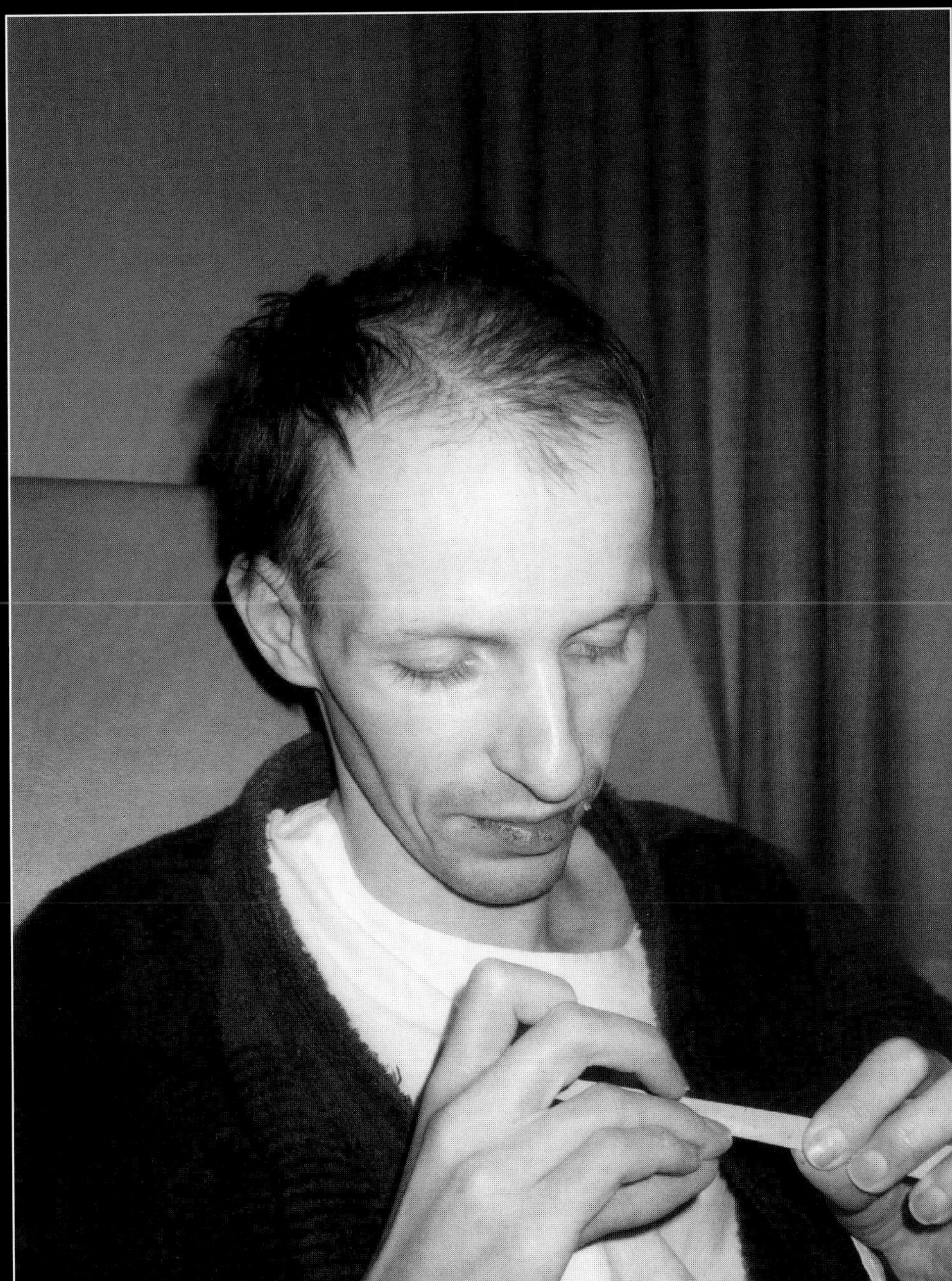

Von Zeit zu Zeit verändert sich der Gesundheitszustand von Andreas. Hin und wieder hat er Zeiten, in denen sich seine Gedanken und sein Wahrnehmen verwirren. Dann vor allem sucht er das Gespräch.
Wir stehen am Fenster und unterhalten uns über »die schönen Elefanten, die dort drüben eingeladen werden«, und über »den Mann, der da oben auf dem Dach spazieren geht«.
Ein andermal fragt er mich ganz vertrauensvoll, ob er jetzt verrückt geworden sei. »Nein«, sage ich ihm, »das geht wieder vorüber, du brauchst dir keine Sorgen zu machen.«
Als ich ihn das nächste Mal besuche, empfängt er mich schon an der Tür: »Du, ich bin wieder ganz in Ordnung.«

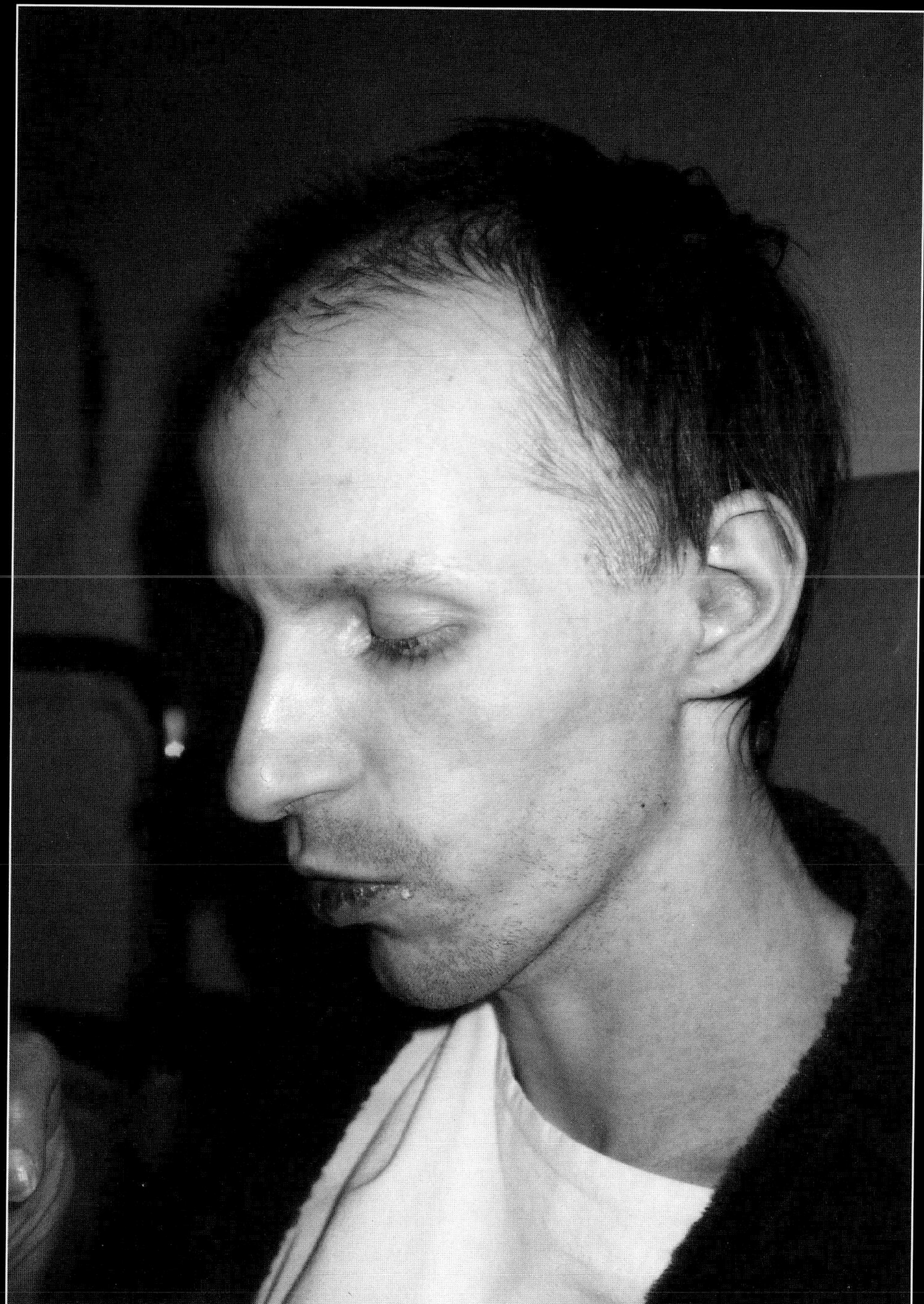

Ja, ich begleite dich

Ja, ich begleite dich…
Ich schaue mit dir die neuen Narben an den Händen an.
Ich lasse mich von deinem Schmerz berühren.
Ich höre dir zu, wenn du besorgt von der Dialyse erzählst,
wenn du ganz strahlend über das Reiten berichtest.
Ich überlege mit dir zusammen, wie es weitergehen soll.

Du, ich habe dir etwas mitgebracht, etwas selber Gemachtes.
Du, es geht mir in letzter Zeit gar nicht gut.
Du, ich hab mich so auf heute gefreut, wo wir uns wiedersehen.
Du, meinst du, ich sollte doch noch einmal diese Untersuchung machen?

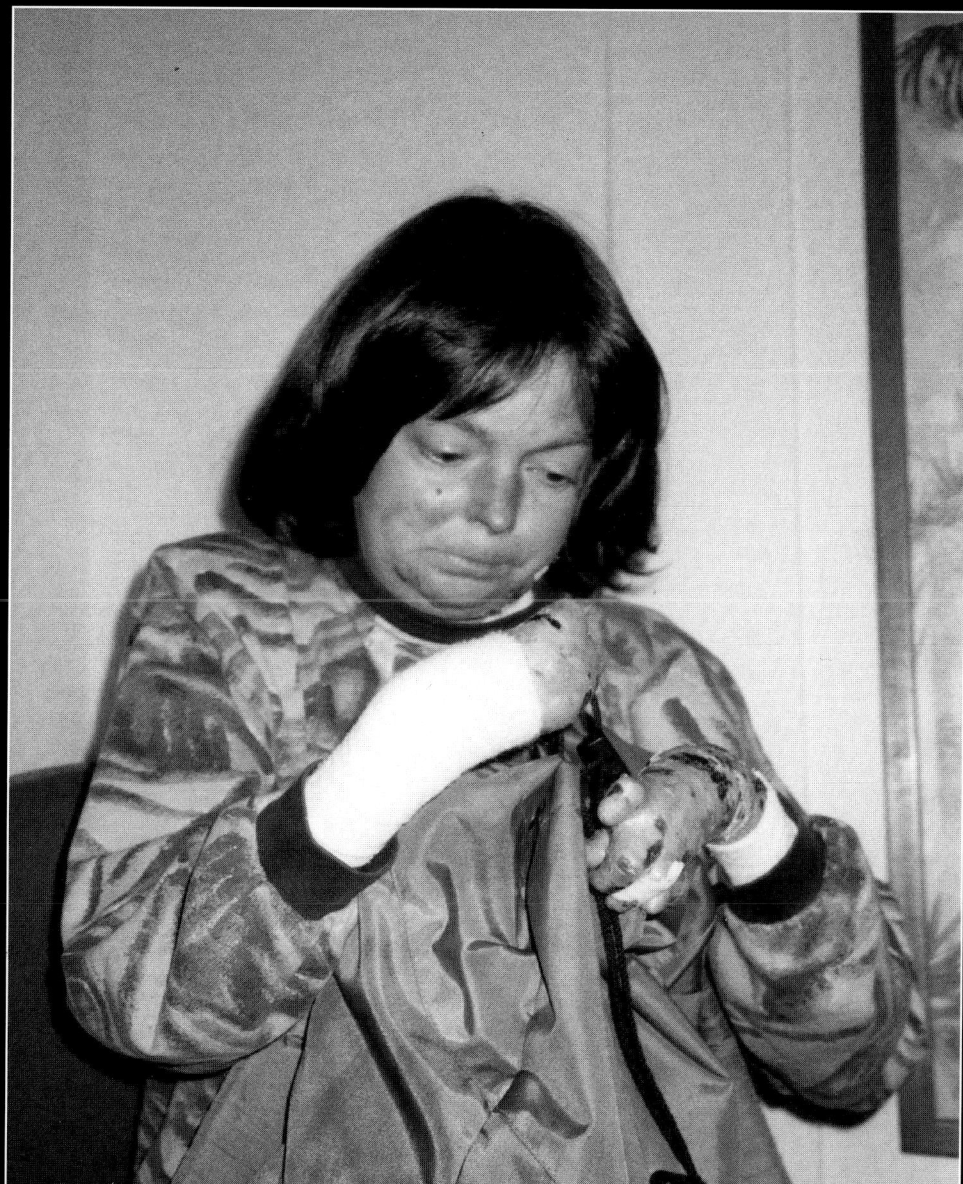

Wir lachen zusammen
und haben es gut miteinander.
Wir haben für eine Weile die Zeit vergessen
und einfach gelebt.

»Also dann, ich gehe wieder...
Darf ich am Montag wiederkommen?«
»Ja, du.. und danke...«

Vor dem Danach habe ich große Angst

Wenn meine Krankheit manchmal wieder so schlimm ist, denke ich an meinen Tod. Nein, vor meinem Sterben habe ich eigentlich nicht so arg Angst. Ich hoffe, daß dann jemand bei mir ist, und außerdem... Das haben ja schon so viele vor mir durchgemacht, und es werden noch so viele nach mir sterben.
Aber vor dem Danach habe ich große Angst. Es fällt mir sogar schwer, darüber zu sprechen. Manchmal sehe ich dann so ein leeres Grab vor mir, naß und kalt. Und das ist mir ganz unheimlich.
Ich frage mich dann immer wieder, ob es wohl so etwas gibt wie ein Leben nach dem Tod.

Ich bin so froh, wieder zu Hause zu sein

»Ich habe mich so auf Ihren Besuch gefreut! Aber jetzt geht es mir ganz schlecht. Der Atem geht so mühsam, und ich bin auch so müde. Immer wieder sinke ich weg und schrecke dann wieder auf. Aber es ist trotzdem schön, daß Sie gekommen sind.
Ein Foto wollen Sie von mir machen? Ja, natürlich, aber gerne doch.«
Ein Strahlen geht über ihr so müdes und angestrengtes Gesicht.

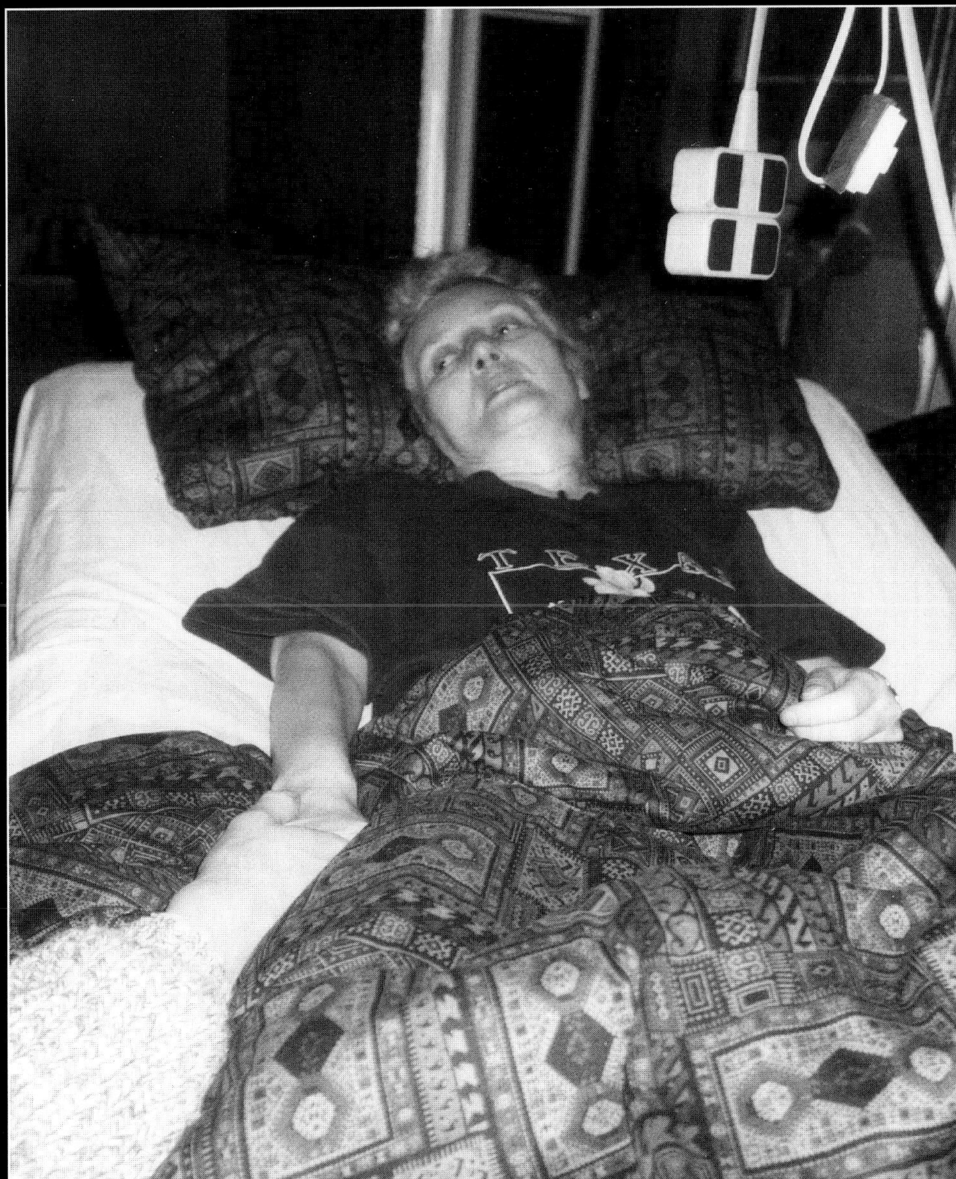

Ja, ich bin so froh, wieder zu Hause zu sein. Mein Krankenbett steht jetzt im Wohnzimmer, da kann ich aus der großen Terrassentür gucken und habe alles um mich herum. Und jetzt haben meine Kinder am Weihnachtstag sogar einen Weihnachtsbaum aufgestellt. So wie immer. Hier fühle ich mich jetzt wohl, weil ich ja nicht mehr aufstehen kann.

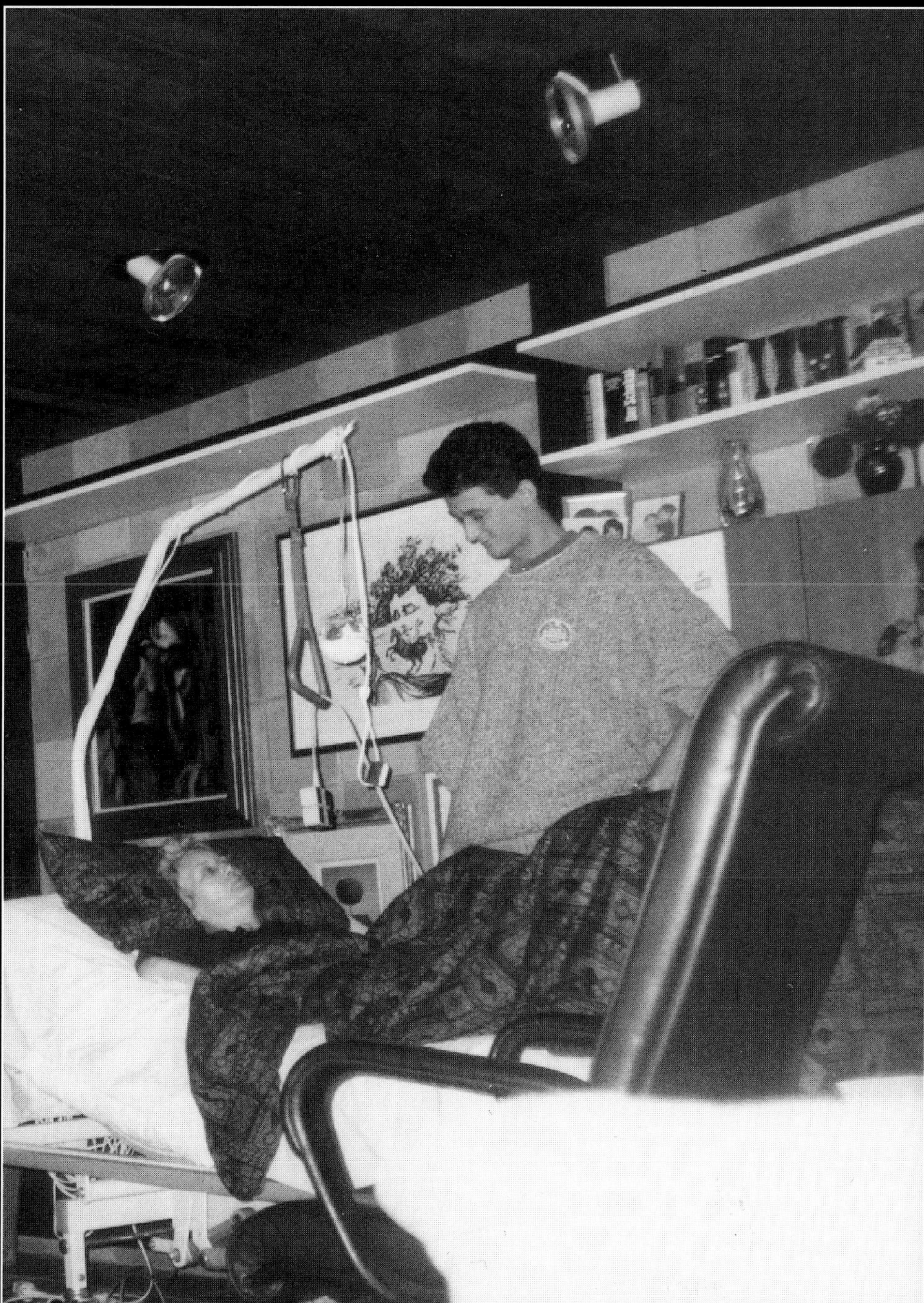

Simone und Alfred

Die beiden leben seit etwa zwei Jahren zusammen.
Alfred hat Simone nach ihrer Krebserkrankung kennengelernt.
Als die Diagnosen immer schlechter wurden, hat Alfred sich beurlauben lassen.
Er ist nun ganz zu Hause und begleitet seine Freundin.

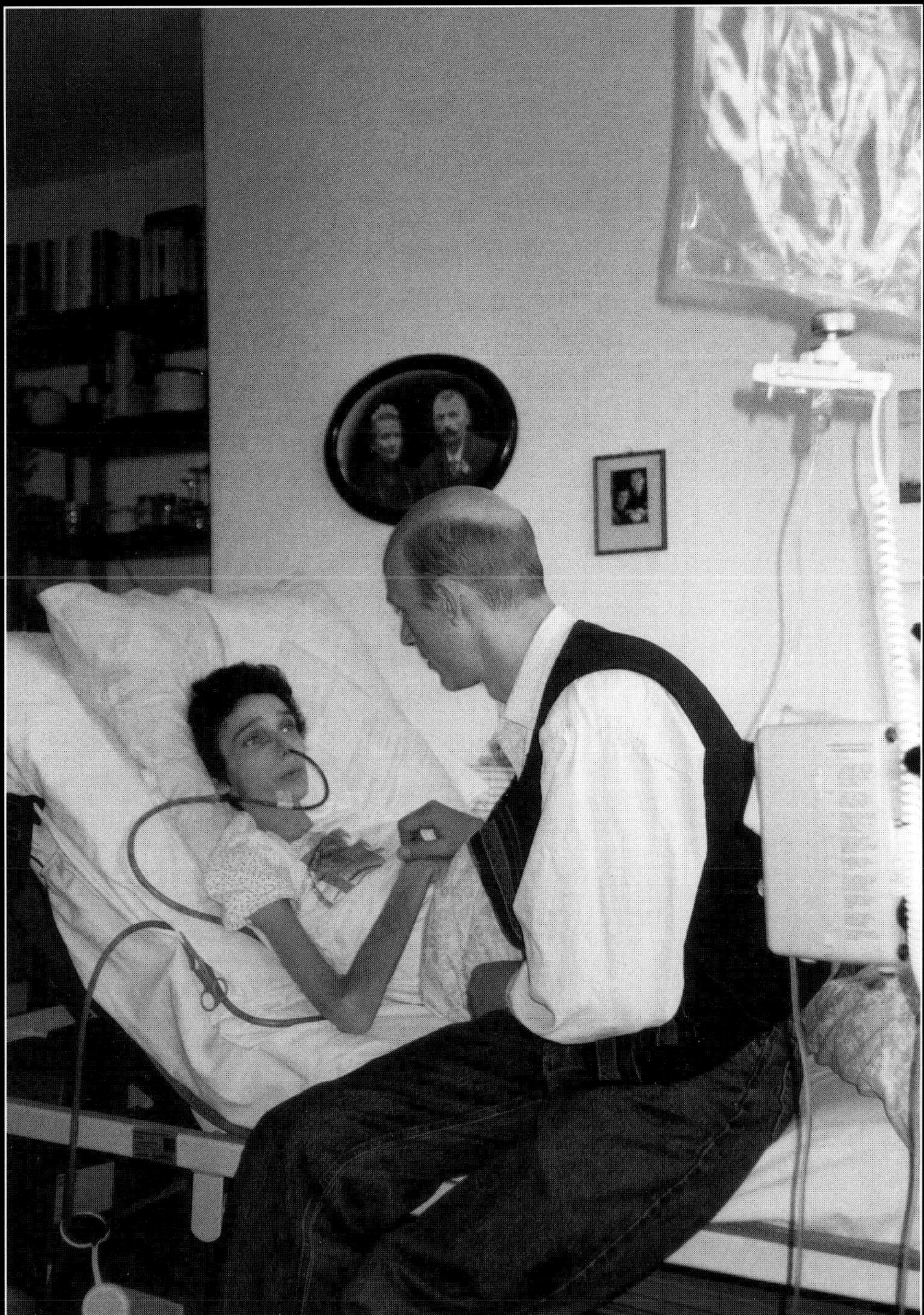

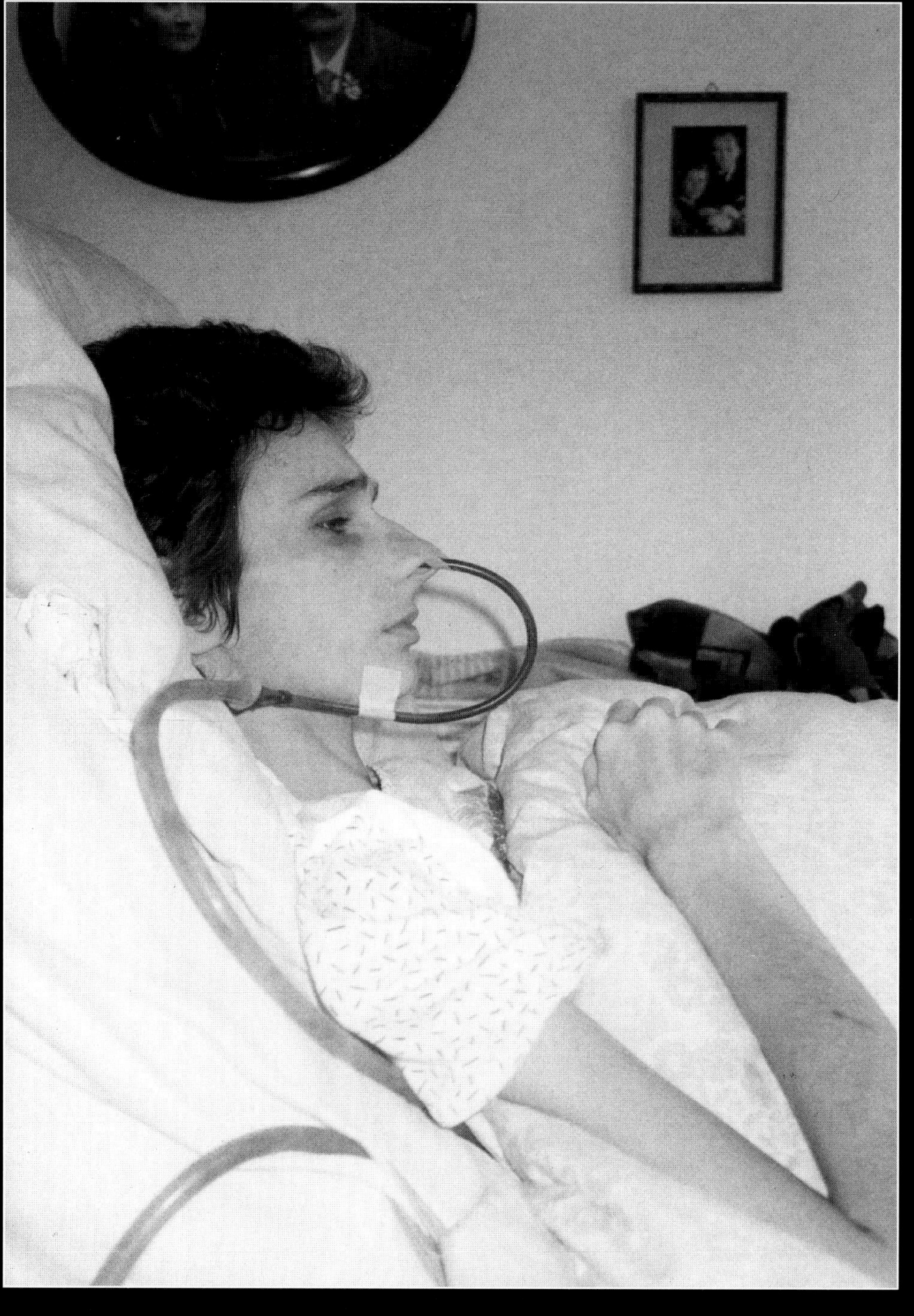

Simone hat es im Leben nicht leicht gehabt. Sie kam aus der ehemaligen DDR und hatte es hier mit dem Beruf und mit allem anderen sehr schwer.
Dann kam die Krankheit. Sie kann es oft gar nicht fassen.

Alfred sagt: »Ach, das ist oft nicht leicht. Ich kenn mich halt in der Pflege gar nicht aus, und dann bin ich unsicher und möchte Simone doch nicht auch noch wehtun. Ich tue das eigentlich gerne für sie, aber manchmal, da wird mir auch alles zu viel. Da muß ich dann raus in die Stadt, oder ich geh zu Freunden. Das tut mir dann gut.«

Es ist für beide schön, daß eine Begleitung für sie ins Haus kommt. Damit wird alles etwas leichter, auch das Miteinander. Hin und wieder lächelt Simone wieder, oder sie genießt es, sich streicheln zu lassen.
Alfred versorgt sie, wechselt die Windeln, säubert sie mit hingebungsvoller Aufmerksamkeit.

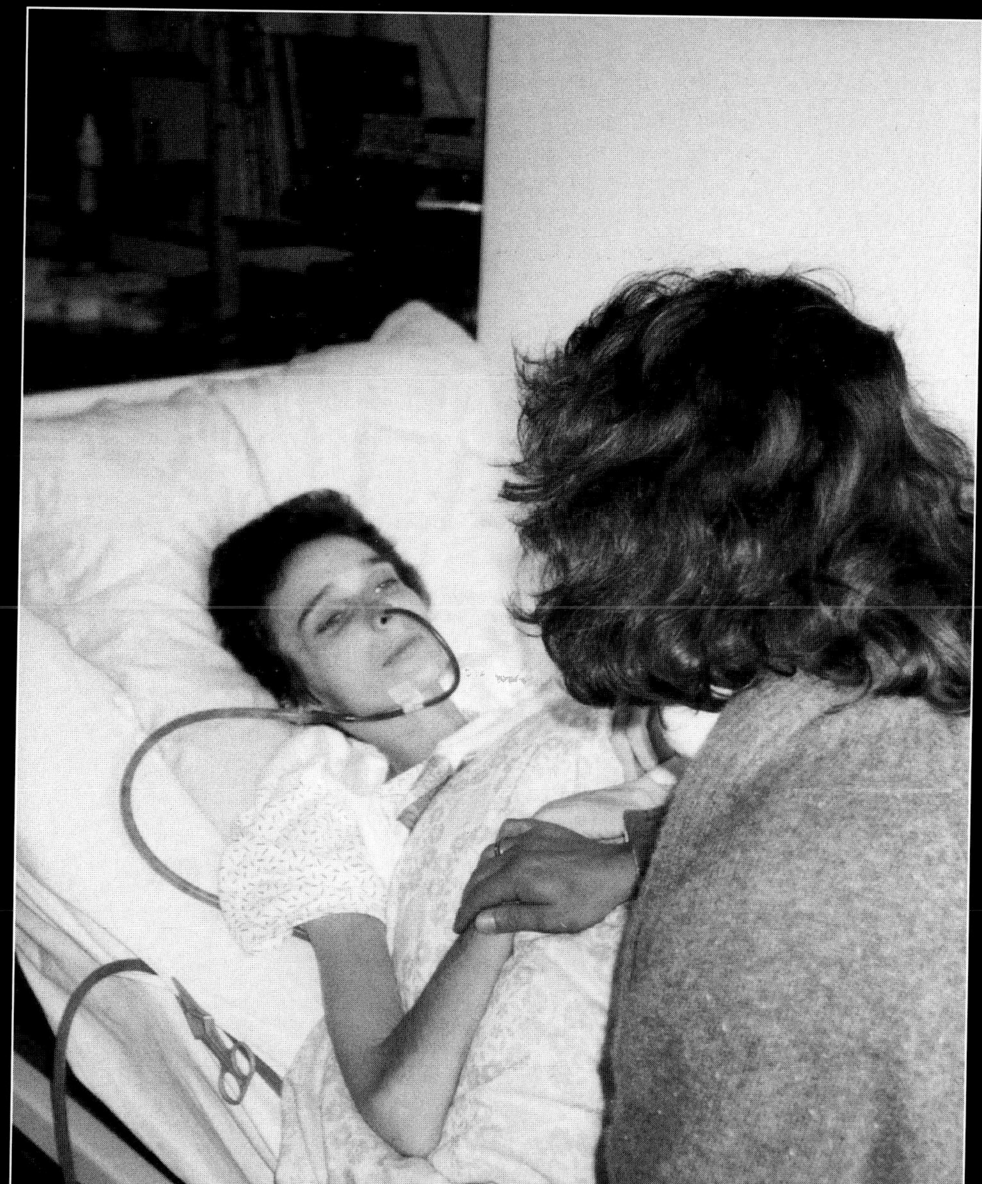

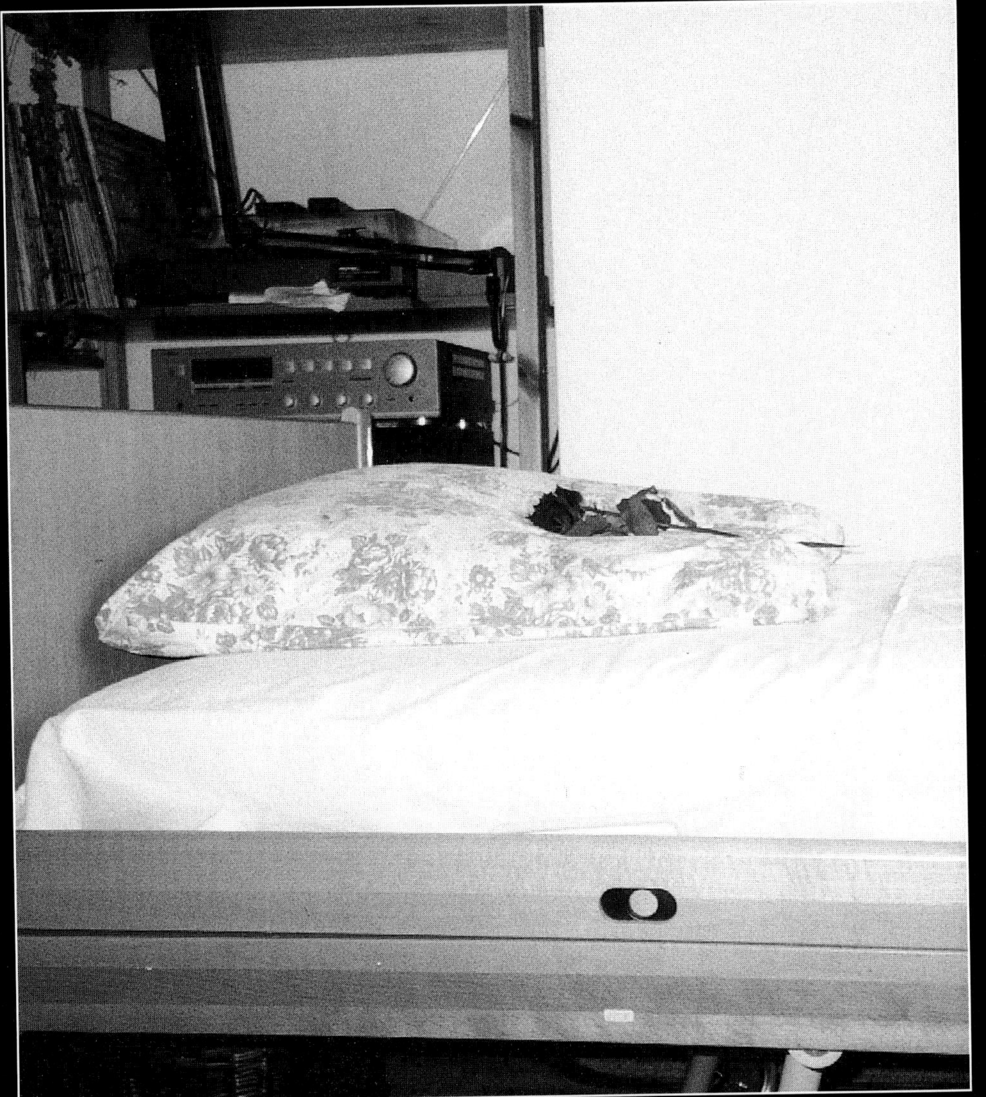

Simone ist in der Nacht von Freitag auf Samstag gestorben. Die beiden waren miteinander allein.
Für Alfred war es unsagbar schwer, daß Simone nun wirklich gehen würde.
Er hatte doch immer noch gehofft.

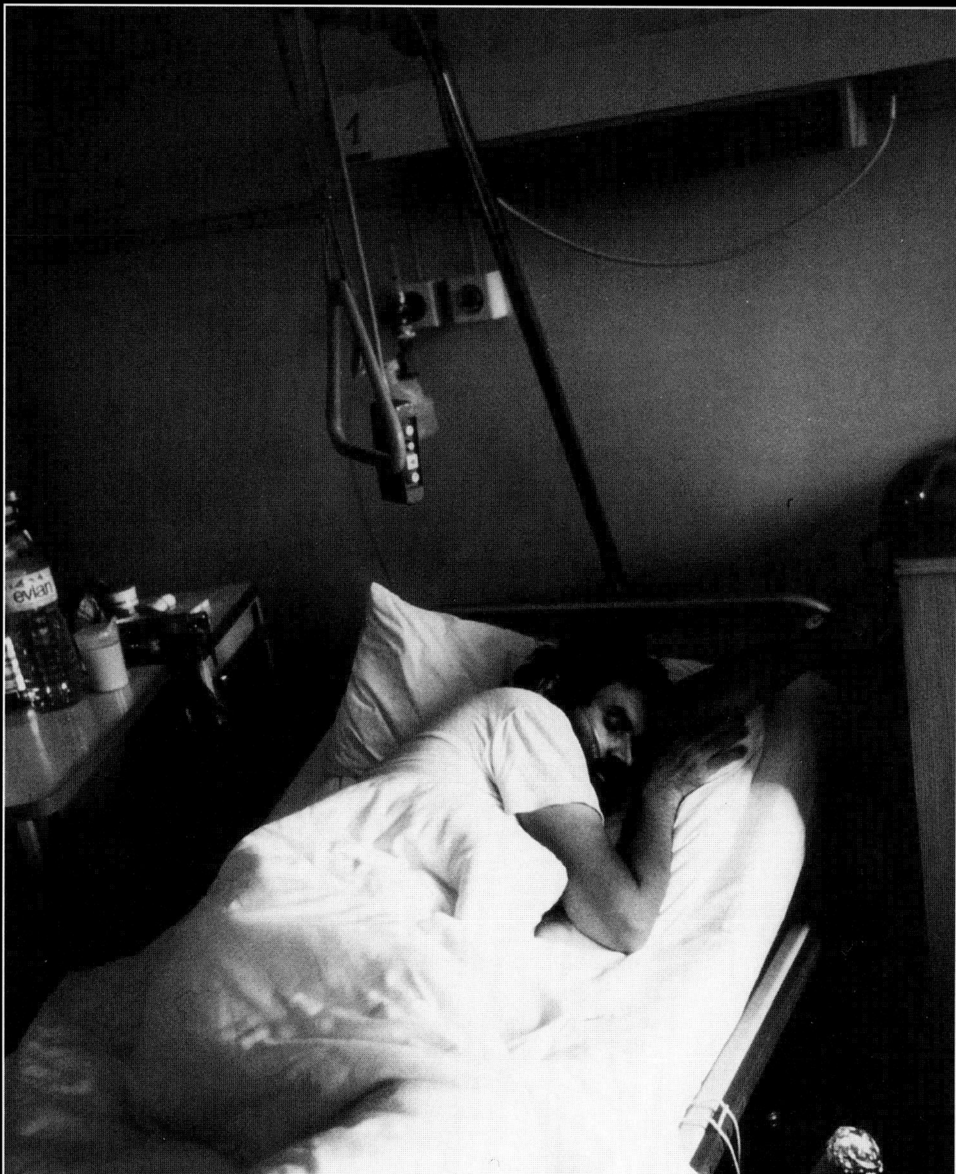
evian

Werner

Werner ist nach unserem Gespräch ganz erschöpft. Zum ersten und einzigen Mal hat er zu erkennen gegeben, daß er weiß: er wird sterben. Er ist auch bereit dazu. Mehr braucht darüber nicht gesprochen zu werden. Dazu reichen Kraft und Atem auch gar nicht mehr.
Nur noch schlafen.

Wir lachen auch miteinander

Vor zwei Jahren habe ich von meiner Krebserkrankung erfahren. Mir ging es dann noch recht gut. Aber jetzt, seit vier Monaten, kann ich gar nicht mehr aufstehen, und ich bin sehr schwach. Ich bin so froh, daß mein Sohn da ist, denn dadurch kann ich zu Hause sein. Und zwischen uns ist in den letzten Monaten so viel Nähe entstanden. Wir hatten sehr wichtige Gespräche, aber wir lachen auch miteinander. Es ist trotz der Krankheit noch eine gute Zeit für uns in der Familie.

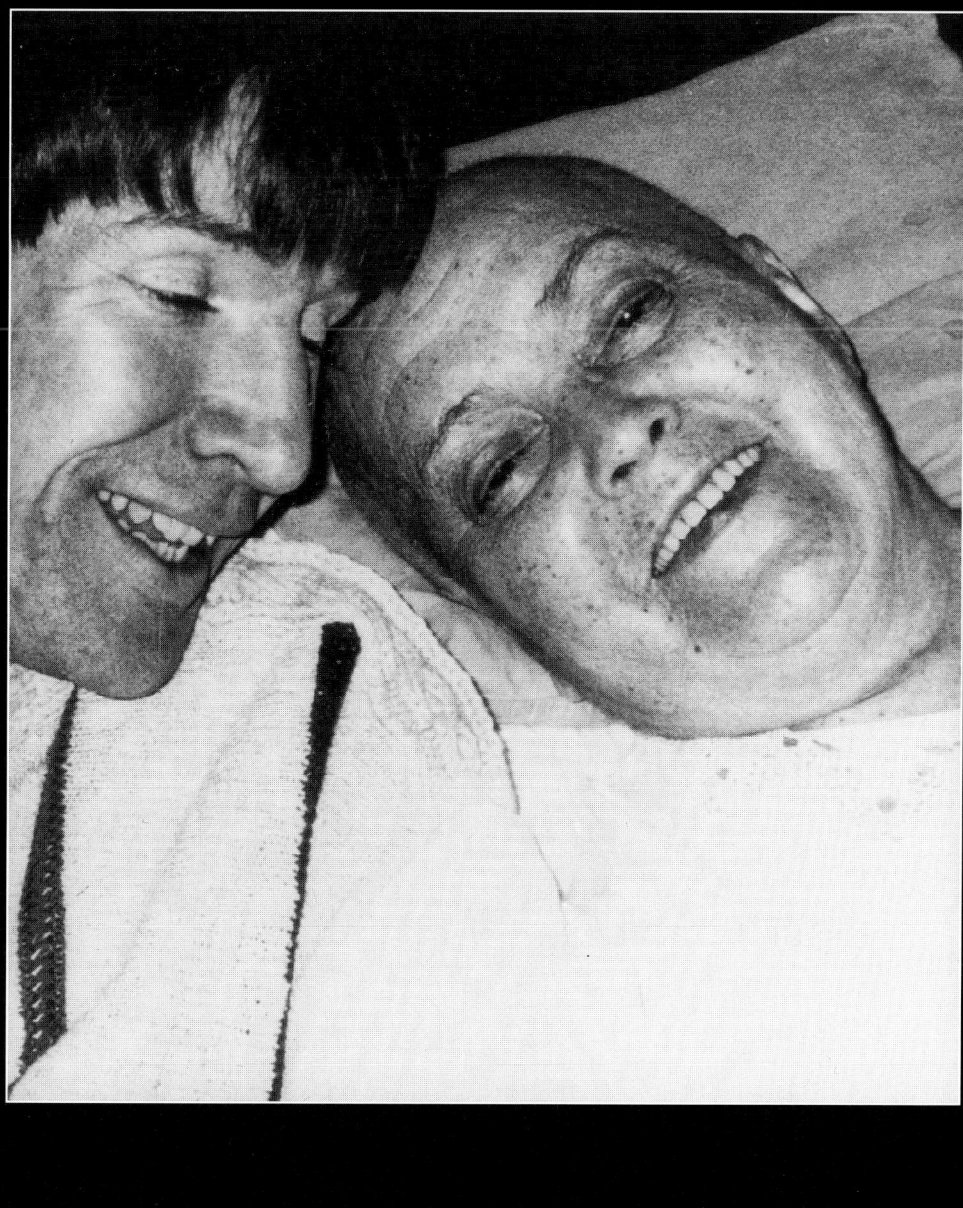

Es fällt mir schon schwer, so viel Hilfe anzunehmen. Jetzt muß mir mein Sohn sogar beim Essen helfen, und waschen und pflegen muß er mich auch. Ob ihm das nicht zu viel ist? Aber ich bin auch sehr froh, daß er das alles für mich tut. Er hat ja sogar seine Stelle aufgegeben, um mich zu pflegen. Ja, ich bin ihm sehr dankbar.

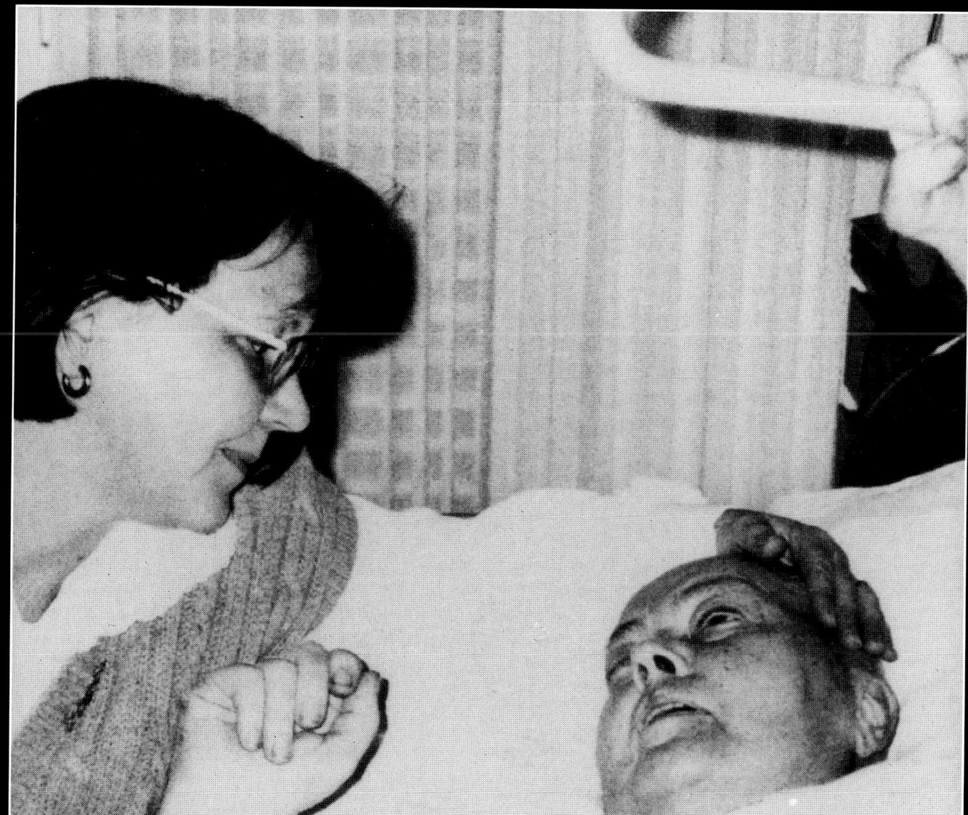

Er macht das alles schon sehr gut. Irgendwie auch mit Humor und nicht so verbissen und ernst. Dadurch haben wir eine richtig gute Zeit miteinander.
Heute ist das eigentlich umgekehrt zwischen uns: Früher habe ich ihm das Bett aufgeschüttelt oder frisch bezogen, wenn er krank war, und jetzt tut er es für mich. Es ist, als ob sich ein Kreis von Geben und Nehmen schließt.

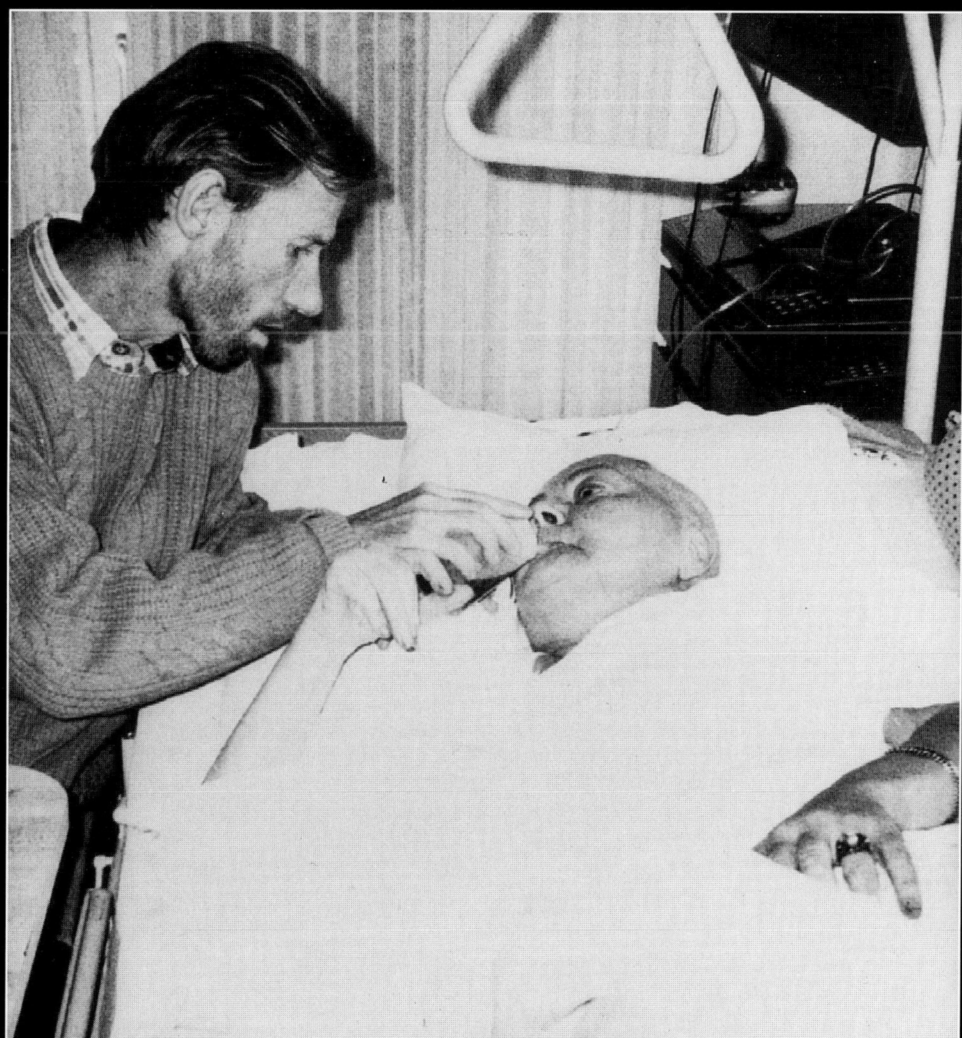

Herr Salzmann

Wie lange wir uns nun schon kennen!
Seit fast zwei Jahren bereits komme ich zu Herrn Salzmann.
Damals hatte es geheißen, seine Lebenszeit sei sehr begrenzt.

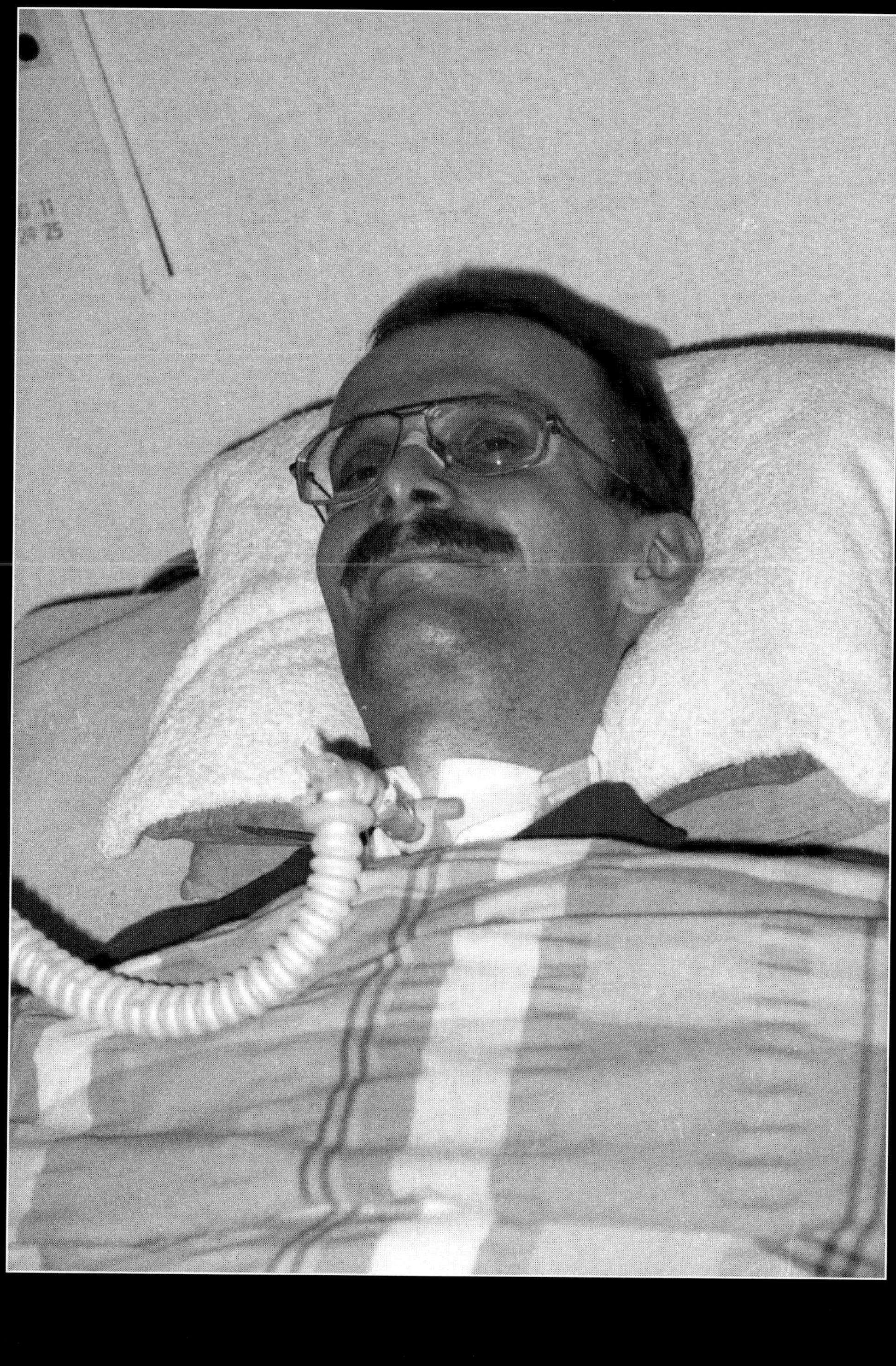

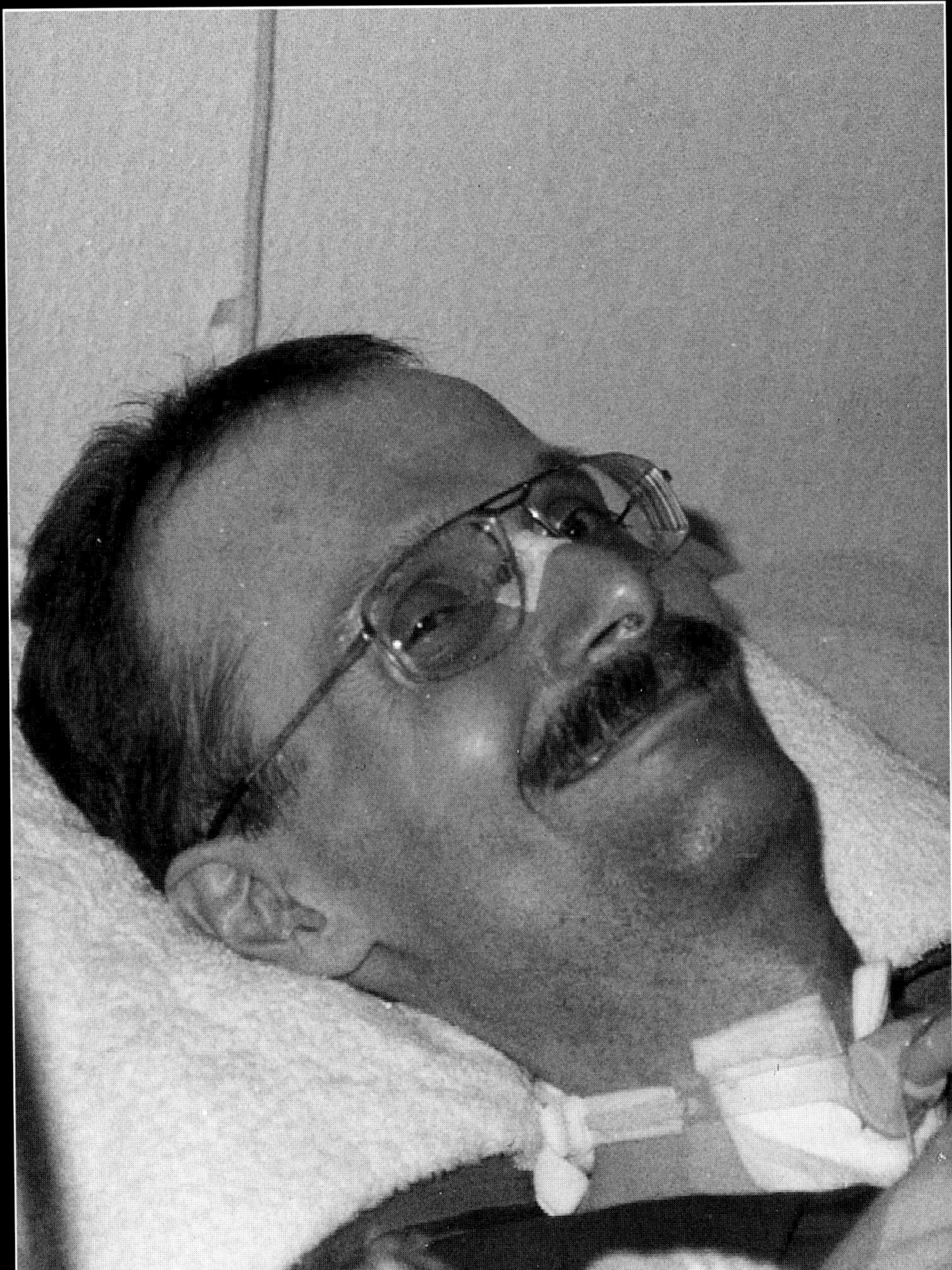

Herr Salzmann wird rund um die Uhr von Zivildienstleistenden betreut. Er kann nicht mehr sprechen und sich nicht mehr bewegen. Wenn ich komme, freut er sich meistens. Wir haben eine gute Beziehung zueinander gefunden. Ich erzähle ihm dann oft, einfach, was mir so einfällt und wovon ich spüre, daß es ihn interessiert. Manchmal schweigen wir auch nur, und ich glaube, daß wir dann auf eine andere Art miteinander kommunizieren. Ja, ich hänge sehr an ihm, und es wird mich sehr schmerzen, wenn er stirbt.

Herr Trende

Schon über sechzehn Jahre lebt Herr Trende in einer kleinen Wohnung an der Hauptstraße. Er liebt diese Wohnung, und man spürt deutlich, daß er sich hier wohlfühlt. Noch kann er sich mit etwas Hilfe selber versorgen. Auch die Infusionen gegen seine Schmerzen kann er selber regeln und einstellen. Wenn er erzählt, hört man seinen Stolz darauf heraus, daß er trotz seiner fortgeschrittenen Krankheit sein Leben so gut meistert. Allerdings ist er froh, daß nun hin und wieder jemand zu ihm kommt, mit dem er reden kann. Auch die Sorgen um die Zukunft können nun ausgesprochen werden, und gemeinsam wird nach möglichen Lösungen gesucht. Nach einiger Zeit erzählt er, daß er seine Kinder so gern noch einmal wiedersehen würde. Seit vielen Jahren schon ist der Kontakt zwischen ihnen abgebrochen. Nach einigen Bemühungen stellt sich heraus, daß es gar nicht so schwer ist, diesen Wunsch Wirklichkeit werden zu lassen. Auch die erwachsenen Kinder möchten ihren Vater noch einmal sehen.

An einem Dienstag gegen 17 Uhr ist Herr Trende gestorben. Wenige Tage zuvor hat er seine Kinder noch einmal gesehen. Nun ist alles Wesentliche gesagt worden, Unstimmigkeiten und Dank, Erinnerungen und Hoffnungen konnten ausgesprochen werden.

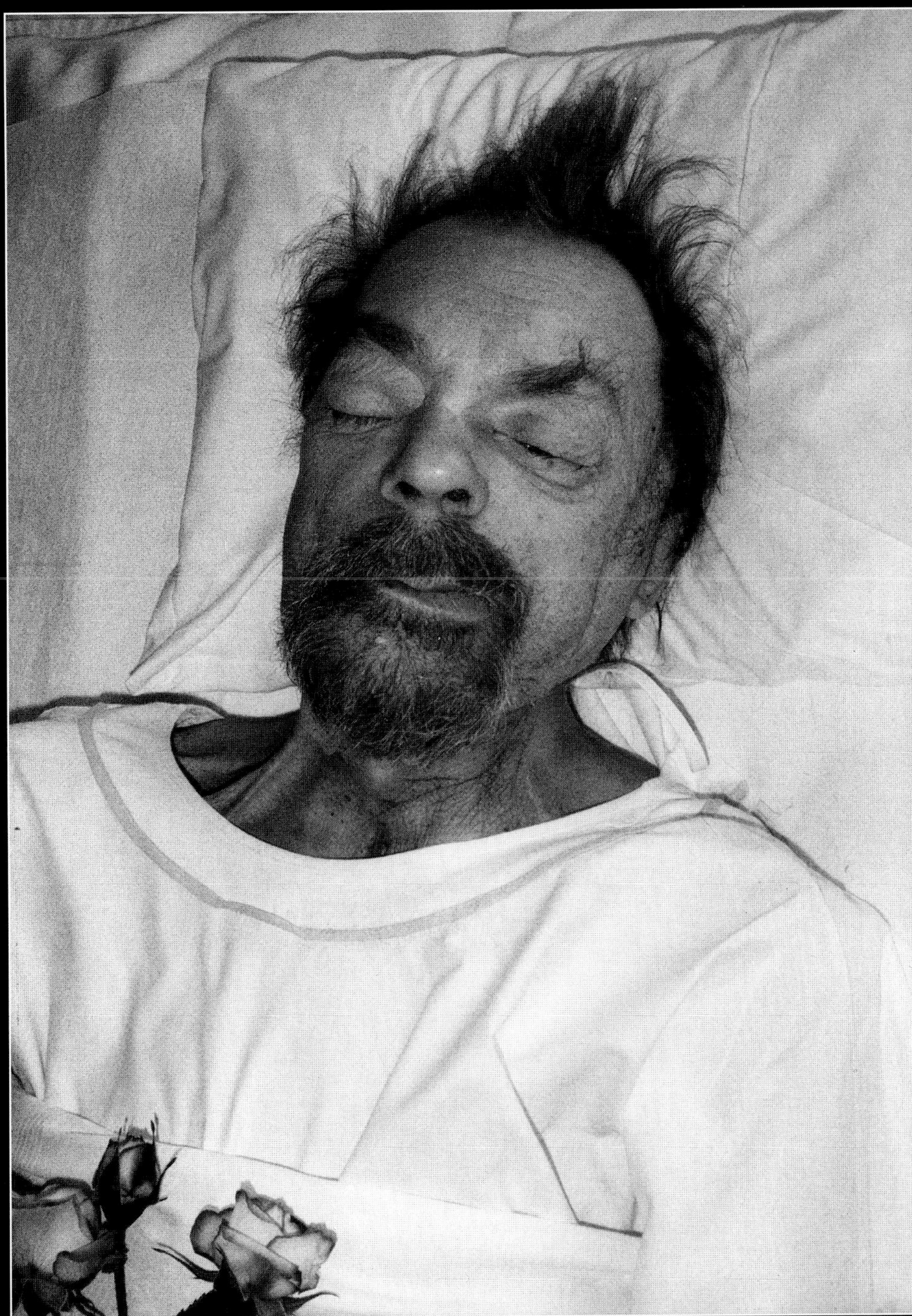

Nachtwache

Heute nacht gehe ich zu Frau Mayer zur Nachtwache.
Wo wohnt sie nur? Unter den vielen Klingeln findet man ja kaum jemanden.
Wie wird es werden? Frau Mayer ist dreiundachtzig und liegt im Sterben. Ich kenne sie noch gar nicht. Ob sie mich mögen wird?
Es ist ja immer so ungewiß, wohin man da kommt und was alles geschehen wird. Aber es ist auch schön, alles ist so ganz neu und unbekannt, und es gilt sich jedesmal wieder darauf einzustellen und einzulassen.
Morgen früh, wenn die Schwester von der Diakoniestation kommt, gehe ich wieder heim, und ich weiß, ich werde nicht mehr ganz dieselbe sein wie jetzt. Irgend etwas geschieht da mit einem in solchen Nächten. Man wird irgendwie weiter und stimmiger und kann wieder deutlicher Wichtiges vom Unwichtigen unterscheiden.
Man weiß einfach wieder besser, was das Leben ist und wie man es leben möchte.

Ach, solch eine Nacht kann einem schon lang werden. Da tickt die Uhr, und es schlägt eins und dann halb zwei und dann zwei, und so schleicht die Zeit.
Ich mag auch gar nicht lesen. Da, ein paar Schritte von mir entfernt, liegt ja Frau Mayer im Sterben.
Inzwischen ist mir, als kenne ich sie schon lange.
Ich sitze so da und schaue, ob sie etwas braucht. Manchmal atme ich einfach mit ihr, begleite sie in ihrem schweren und langen Atmen.

Gegen Morgen dann, am Himmel wird es schon ein wenig hell, spüre ich, daß sich etwas verändert.
Die Stille des Raumes verändert sich, etwas wird unruhiger, der Atem von Frau Mayer wird unregelmäßiger.
Plötzlich schlägt sie noch einmal die Augen auf, schaut mich an, aber ihr Blick ist leer. Dann fallen die Lider, Frau Mayer atmet noch zweimal aus, und dann ist es still, ganz still im Raum.

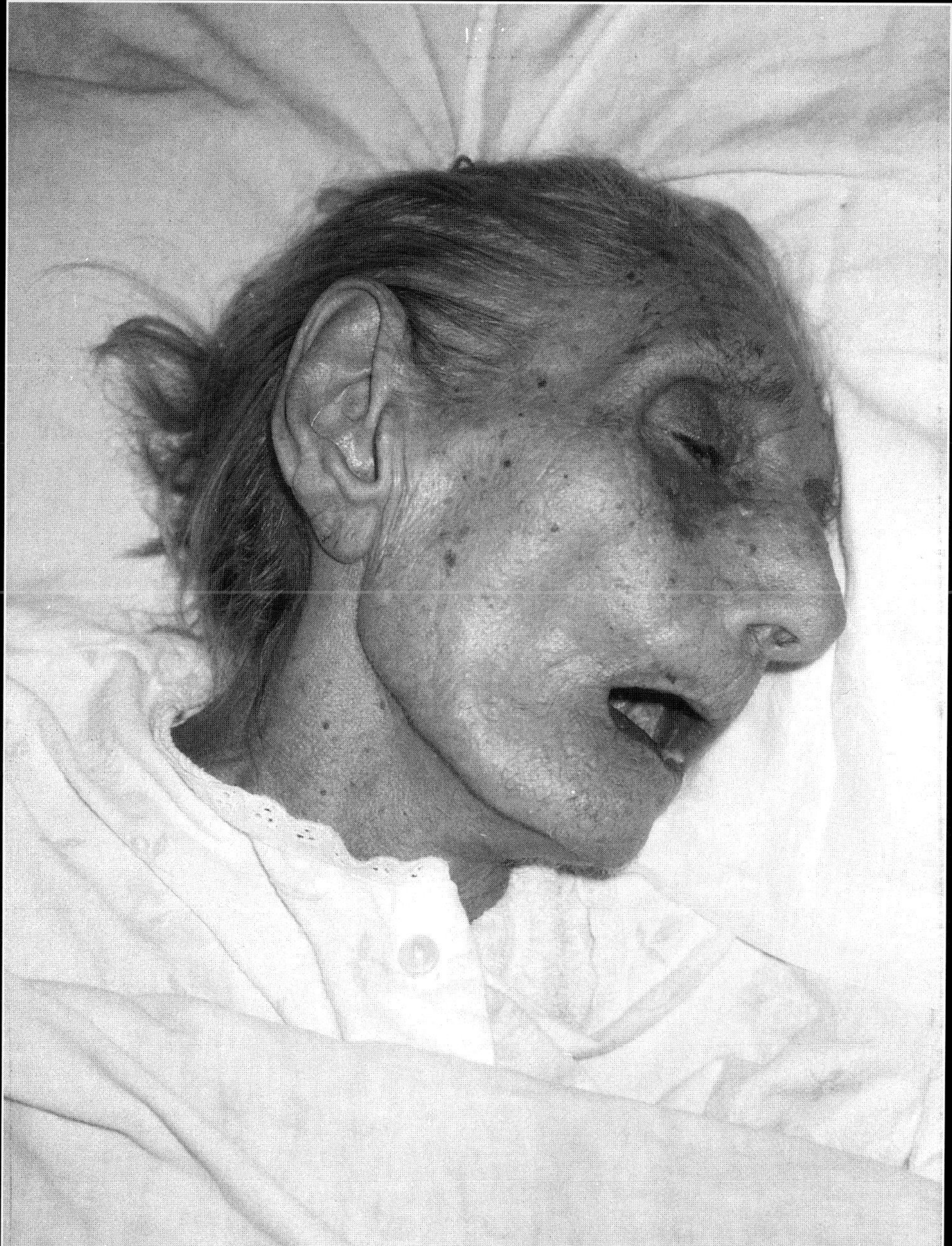

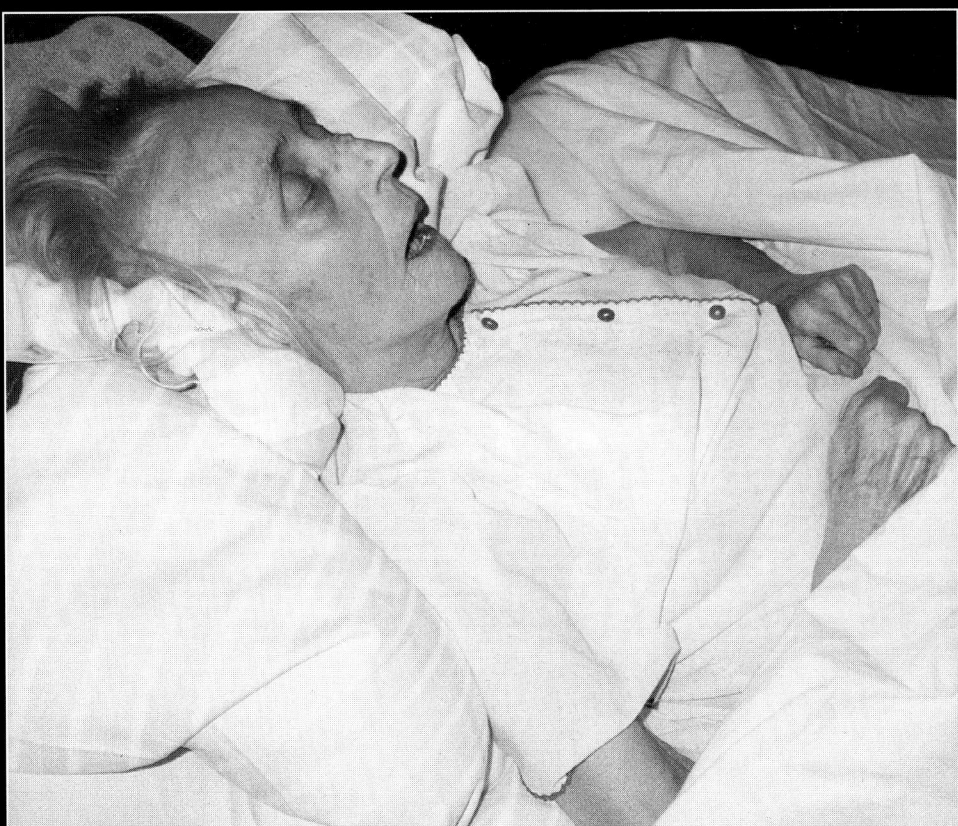

Frau Hauser

Manchmal wird die Zeit des Sterbens lang und geht weit über die Kräfte der Angehörigen hinaus.
Frau Hauser liegt wohlgebettet und gut versorgt in ihrem Ehebett, in der einen übriggebliebenen Hälfte. Sie liegt ganz ruhig und still dort, und nur an ihrem Atem hört man, daß es zu Ende geht. Die beiden Töchter sind rund um die Uhr bei ihr, liebevoll darum bemüht, daß sie nie länger allein ist und immer für alles Notwendige gesorgt wird. Sie tun dies nun schon lange – Tage, Tage, Wochen, Wochen. Einmal tief schlafen können sie kaum, »weil man ja doch immer mit einem Ohr bei der Mutter ist«.
Nun wachen und begleiten wir noch ein paar Tage gemeinsam. Die übergroße Spannung läßt nach, etwas mehr innere Ruhe und Sicherheit kann sich wieder ausbreiten.
Am Ostermorgen geht Frau Hauser ganz mühelos vom Leben in ein neues, anderes Dasein.
Wir stehen in andächtiger Stille beisammen und erleben miteinander diesen schweren, aber auch kostbaren Augenblick.

Abschied von Ralph

Wie er es sich gewünscht hatte, ist Ralph in seinem eigenen Bett gestorben.
Er sah so schön aus, als er so dalag. Den ganzen Tag über ließen wir ihn so liegen, wie er gestorben war. Jeder, der kam, um von Ralph Abschied zu nehmen, empfand es so als wohltuend und natürlich.

Ein paar Tage später gestalteten die Menschen, die ihm nahestanden und die ihn in der Zeit seiner Erkrankung begleitet hatten, eine kleine Abschiedsfeier. Jeder erzählte noch ein wenig von seiner Beziehung zu ihm oder wie er ihn erlebt und empfunden hatte, und dann spielten wir noch seine Lieblingsmusik. Es war eine wirklich schöne Gedenkfeier, und wir hatten das Gefühl, daß Ralph ganz nah bei uns war.

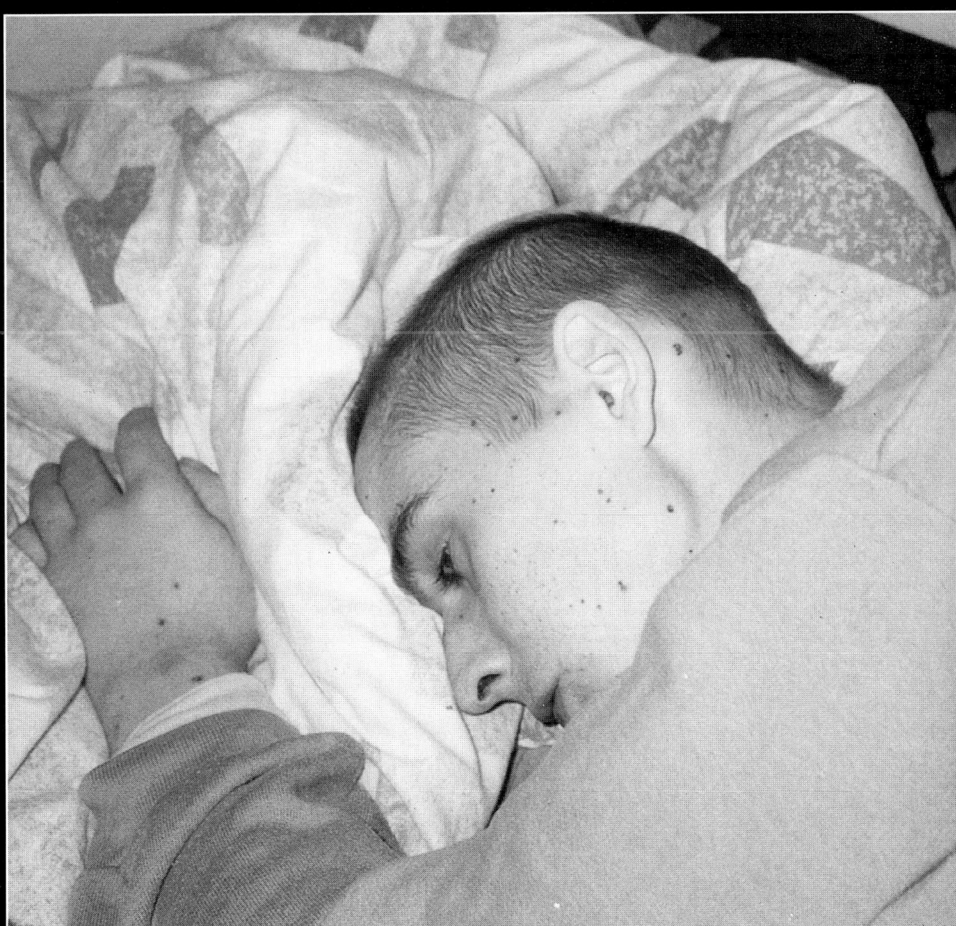

Alles wird so endgültig

Die Beerdigung? Ach, ich glaube, das war der schwerste Tag meines Lebens. Alles wurde so endgültig. Als der Sarg hinuntergelassen wurde, dachte ich immer nur eines: Ich möchte dich wiedersehen, irgendwann, ich warte!

Sonst kommt mir das alles wie in einen Nebel gehüllt vor. Die vielen Leute, die Reden... Ich glaube, ich war gar nicht ganz da. Ich weiß aber noch, daß rechts von mir Maria, meine beste Freundin, stand und links mein älterer Bruder. Ich war so froh, daß sie dicht bei mir standen, ich hatte das Gefühl, sie geben mir Halt und Schutz, so daß ich einfach nur dastehen konnte, denn zu mehr war ich gar nicht fähig.

Es ist so schwer, einen Sinn zu finden, jetzt für mich allein

Zweieinhalb Jahre ist es nun schon her, daß mein Mann nicht mehr lebt. Er hat so gerne gelebt, und manchmal frage ich mich, warum er gehen mußte und nicht ich. Es ist so schwer, einen Sinn zu finden, jetzt für mich allein.
Wie mein Leben jetzt ist? Ach, das ist schwer zu sagen. Jeder Tag ist anders. Und wenn ich denke, jetzt ist das Schlimmste vorbei, dann geht es mir am nächsten Tag wieder gar nicht gut.
Die Zeit der Trauer dauert ja viel, viel länger, als ich mir das je gedacht hätte. Immer wieder schaue ich mir die alten Fotos an, das tut mir gut, aber immer tut es auch weh.

Christa, meine Frau, ist nun schon ein dreiviertel Jahr tot. All meine Freunde und Bekannten meinen, ich müsse mich nun langsam von meiner Trauer lösen. Sie haben das Gefühl, ich ließe mich gehen, und vielleicht denken sie auch, ich sei egoistisch. Für mich sieht das ganz anders aus. Ich schaffe es gerade so eben, meiner Arbeit nachzugehen. Ich denke, ich mache es eher schlecht als recht, und immer wieder frage ich mich, wozu ich das alles eigentlich mache und für wen. Wenn ich dann nach Hause, in die leere Wohnung komme, geht es mir erst recht ganz schlecht. Ich hocke da und könnte heulen, und ich weiß nicht, was ich mit mir anfangen soll. Das heißt – ich wüßte schon, was ich tun könnte: in den Verein gehen, zu Bekannten, oder meinem alten Hobby nachgehen. Aber je länger ich dann darüber nachdenke, desto sinnloser scheint mir das alles zu sein. Als Christa noch da war, war das irgendwie selbstverständlich. Wir haben viel zusammen unternommen, und auch jeder für sich hatte noch seine Interessen. Das ist jetzt alles ganz anders. Ich kann das anderen ja nicht sagen, aber im Grunde interessieren mich die meisten alten Freunde und Bekannten nicht mehr. Irgendwie erscheint mir alles so leer, so unwesentlich. Ich glaube, ich habe mich seit der Krankheit und dann nach dem Tod von Christa sehr verändert. Ich finde nicht mehr so recht ins alte Leben zurück und habe auch das Gefühl, ich passe da nicht mehr so rein. Ganz gut geht es mir, wenn ich über mich und meine Gedanken über Leben und Tod sprechen kann. Manchmal möchte ich auch noch über Christa und meine Gefühle sprechen, und ich denke dann, daß ich das meinen Bekannten nicht zumuten kann. Da spüre ich so eine Abwehr, als sei ihnen das alles zu schwer. Aber mit jemandem mich auszutauschen, der das auch erlebt hat und von dem ich spüre, daß er vielleicht ähnlich empfindet wie ich jetzt, das tut einfach gut. Da habe ich dann ein bißchen Hoffnung, daß das Leben doch noch weitergehen könnte.

Organisationen und Arbeitsgemeinschaften der Hospizbewegung

Deutschland

Bildungs-Werk (IGSL Bingen)
Im Rheinblick 16
55411 Bingen
Tel. (06721) 10328

Bundesarbeitsgemeinschaft Hospiz
Steinweg 54
06110 Halle (Saale)
Tel. (0345) 2031952
Fax (0345) 32576

Deutsche Hospizhilfe e.V.
Reit 25
21244 Buchholz
Tel. (04181) 38855

OMEGA – Mit dem Sterben leben e.V.
Kasseler Schlagd 19
34346 Hannoversch Münden
Tel. (05541) 5356

Deutsche Bischofskonferenz
AG Hospiz
Domstraße 2
96049 Bamberg
Tel. (0951) 57284

Deutscher Caritasverband
AG Hospiz
Karlstraße 40
79104 Freiburg
Tel. (0761) 200-0

Diakonisches Werk der EKD
AG Hospiz
Stafflenbergstraße 26/28
70184 Stuttgart
Tel. (0711) 2159-483

Großbritannien

Hospice Information Service
St Christopher's Hospice
51 Lawrie Park Road
Sydenham
GB-London SE26 6DZ

Österreich

Dachverband Hospizinitiativen
Sterbebegleitung und Lebensbeistand
Menschenwürde bis zuletzt
Viktorgasse 14
A-1040 Wien
Tel. (0043) 2225045660

Schweiz

Schweizer Gesellschaft für palliative
Medizin
Dr. Charles-Henri Rapun
Centre de soins Continus
Institutions universitaires de geriatrie
Collonge-Bellerive
CH-1245 Genf